高校数学 I の

超きほん

定期テストを乗り切る

数研出版
https://www.chart.co.jp

## 本 書 の 特 長

● 本書は，「初めて数学Ⅰを学ぶ人」，「数学Ⅰに苦手意識をもっていて，克服したい人」，「数学Ⅰの定期テストだけでも乗り切りたい人」のための導入〜基礎レベルの書籍です。

● 誰でもひとりで学習を進められるように，導入的な内容からやさしく解説されています。1単元2ページの構成です。重要なポイントを絞り，無理なく学習できる分量にしました。

● 考えかたの手順をおさえることで，しっかりと基本問題の対策をすることができます。

## 構 成 ・ 使 い 方

まず，じっくりと説明を読みましょう。重要なポイントや単語は太字や色文字で示しているので，必ず覚えておきましょう。

続いて，　練習問題　を解きましょう。わからないときは，左のページの説明に戻ってみましょう。

その項目の代表的な問題を 例題 として取り上げています。
例題には，　考えかた　として解答とともに解き方・考え方の手順が整理されています。しっかりと取り組みましょう。

練習問題には，　POINT　や　HINT　として解くときに必要な公式や補助となる内容を必要に応じて示しています。

# 目　次

## 第1章　数と式

1　多項式を整理する ……………………… 4
2　多項式の加法と減法 …………………… 6
3　単項式の乗法 …………………………… 8
4　多項式の乗法 …………………………… 10
5　展開の公式(1) …………………………… 12
6　展開の公式(2) …………………………… 14
7　展開の工夫 ……………………………… 16
8　因数分解 ………………………………… 18
9　因数分解の公式(1) ……………………… 20
10　因数分解の公式(2) ……………………… 22
11　因数分解の工夫 ………………………… 24
12　実数 ……………………………………… 26
13　数直線と絶対値 ………………………… 28
14　平方根 …………………………………… 30
15　根号を含む式の計算 …………………… 32
16　不等式の性質 …………………………… 34
17　1次不等式とその解き方 ……………… 36
18　連立不等式 ……………………………… 38
19　不等式の利用 …………………………… 40
確認テスト …………………………………… 42

## 第2章　集合と命題

20　集合 ……………………………………… 44
21　共通部分と和集合，補集合 …………… 46
22　命題とその真偽 ………………………… 48
23　必要条件と十分条件 …………………… 50
24　「かつ」「または」と否定 …………… 52
25　逆・対偶・裏 …………………………… 54
26　命題と証明 ……………………………… 56
確認テスト …………………………………… 58

## 第3章　2次関数

27　関数とグラフ …………………………… 60
28　2次関数 $y=ax^2$ のグラフ …………… 62
29　$y=ax^2+q$ のグラフ ………………… 64
30　$y=a(x-p)^2$ のグラフ ……………… 66

31　$y=a(x-p)^2+q$ のグラフ …………… 68
32　$y=ax^2+bx+c$ の変形 ……………… 70
33　$y=ax^2+bx+c$ のグラフ …………… 72
34　2次関数の最大・最小(1) ……………… 74
35　2次関数の最大・最小(2) ……………… 76
36　2次関数の決定 ………………………… 78
37　2次方程式 ……………………………… 80
38　2次方程式の実数解の個数 …………… 82
39　2次関数のグラフと $x$ 軸の共有点 …… 84
40　2次不等式(1) …………………………… 86
41　2次不等式(2) …………………………… 88
確認テスト …………………………………… 90

## 第4章　図形と計量

42　三角比 …………………………………… 92
43　三角比の利用 …………………………… 94
44　三角比の相互関係 ……………………… 96
45　$180°-\theta$ の三角比 ………………… 98
46　$180°-\theta$ の三角比の性質 ………… 100
47　三角比の等式を満たす $\theta$ ………… 102
48　正弦定理 ………………………………… 104
49　余弦定理 ………………………………… 106
50　三角形の面積 …………………………… 108
51　図形の計量 ……………………………… 110
確認テスト …………………………………… 112

## 第5章　データの分析

52　データの整理 …………………………… 114
53　データの代表値 ………………………… 116
54　データの散らばり ……………………… 118
55　分散と標準偏差 ………………………… 120
56　データの相関 …………………………… 122
57　仮説検定の考え方 ……………………… 124
確認テスト …………………………………… 126

# 1 多項式を整理する

## 1 単項式と多項式，整式

$3x$ や $x^2$，$5ax$ のように，数や文字を掛け合わせてできる式を 単項式 といいます。

2 や $a$ のように，1つの数や文字も単項式です。

$x^2+3x+2$ のように，単項式の和の形で表される式を 多項式 といいます。

多項式を 整式 ということがあります。

$$3x=3\times x$$
$$x^2=x\times x$$
$$5ax=5\times a\times x$$

## 2 多項式の整理

1つの多項式の中で，文字の部分が同じ項を 同類項 といいます。

同類項は1つの項にまとめる（整理する）ことができます。

$$\underline{3x+2x}=(3+2)x=5x \qquad \underline{4y-y}=(4-1)y=3y$$

同類項 —— 整理する ⟶ 　　　同類項 —— 整理する ⟶

多項式は，次数の高い順から順に並べて整理することが多いです。これを 降べきの順 に整理するといいます。

### 例題 1

多項式 $3x^2-5x-x^2+4+2x$ を整理しなさい。

（解答）
$$3x^2-5x-x^2+4+2x$$
$$=(3x^2-x^2)+(-5x+2x)+4 \quad \leftarrow 解答では省略可能$$
$$\boxed{1}=(3-1)x^2+(-5+2)x+4$$
$$=2x^2-3x+4$$

**考えかた**

$\boxed{1}$ 同類項（文字の部分が同じ項）をまとめる。

### 例題 2

多項式 $ax+2a-6x-3$ を $x$ について整理しなさい。

（解答）
$$ax+2a-6x-3$$
$$\boxed{1}=ax-6x+2a-3$$
$$\boxed{2}=(a-6)x+(2a-3) \quad \leftarrow これ以上簡単にはできない$$

**考えかた**

$\boxed{1}$ 文字 $x$ に着目する。
$x$ 以外の文字 $a$ は，数と同じように考える。

$\boxed{2}$ $\square x+\triangle$ の形にする。

## 練習問題

**1** 次の空らんをうめなさい。

(1) 多項式 $2x^2-3x+4+x+5x^2-1$ を整理すると

$$2x^2-3x+4+x+5x^2-1$$
$$=\left(2+\overset{ア}{\boxed{\phantom{00}}}\right)x^2+\left(-3+\overset{イ}{\boxed{\phantom{00}}}\right)x+\left(4-\overset{ウ}{\boxed{\phantom{00}}}\right)$$
$$=\overset{エ}{\boxed{\phantom{00}}}x^2-\overset{オ}{\boxed{\phantom{00}}}x+\overset{カ}{\boxed{\phantom{00}}}$$

同類項をまとめる。

(2) 多項式 $x^2-ax+a^2+3x-4a$ を $x$ について整理すると

$$x^2-ax+a^2+3x-4a$$
$$=x^2-ax+3x+a^2-4a$$
$$=x^2+\left(\overset{ア}{\boxed{\phantom{00}}}+3\right)x+\left(\overset{イ}{\boxed{\phantom{00}}}-4a\right)$$

着目した文字以外は，数と同じように考えて整理する。

**2** 次の多項式を整理しなさい。(3)は $x$ について整理しなさい。

(1) $4x^2+3-3x^2+8x+2$

(2) $3x^2+xy+4y^2-7xy+2x^2+5y^2$

(3) $x^2+ax+x+3a-2$

# 2 多項式の加法と減法

## 1 多項式の加法

足し算のことを加法といいます。加法の結果が和です。

多項式の和は，すべての項を加えて同類項をまとめる（整理する）ことで計算することができます。

（多項式）＋（多項式） → そのままかっこをはずす

## 2 多項式の減法

引き算のことを減法といいます。減法の結果が差です。

多項式の差は，引く式の各項の符号を変えて，すべての項を加えることで計算することができます。

（多項式）－（多項式） → 引く式の各項の符号を変えて $\begin{pmatrix} + \text{は} - \text{に} \\ - \text{は} + \text{に} \end{pmatrix}$ かっこをはずす

### 例題 1

$(2x^2-7x-4)+(5x^2-3x+2)$ を計算しなさい。

解答

$(2x^2-7x-4)+(5x^2-3x+2)$

$\boxed{1}$
$=2x^2-7x-4+5x^2-3x+2$

$\boxed{2}$
$=(2+5)x^2+(-7-3)x+(-4+2)$

$=7x^2-10x-2$

**考えかた**

$\boxed{1}$ ＋（ ）はそのままかっこをはずす。

$\boxed{2}$ 同類項をまとめる。

### 例題 2

$(2x^2-7x-4)-(5x^2-3x+2)$ を計算しなさい。

解答

$(2x^2-7x-4)-(5x^2-3x+2)$

$\boxed{1}$
$=2x^2-7x-4-5x^2+3x-2$

$\boxed{2}$
$=(2-5)x^2+(-7+3)x+(-4-2)$

$=-3x^2-4x-6$

**考えかた**

$\boxed{1}$ －（ ）は各項の符号を変えてかっこをはずす。

$\boxed{2}$ 同類項をまとめる。

多項式の加法と減法は，次のように計算することもできます。

$$\begin{array}{r} 2x^2-\phantom{0}7x-4 \\ +)\ 5x^2-\phantom{0}3x+2 \\ \hline 7x^2-10x-2 \end{array}$$

$$\begin{array}{r} 2x^2-7x-4 \\ -)\ 5x^2-3x+2 \\ \hline -3x^2-4x-6 \end{array}$$

← 同類項の位置を上下で揃える

**1** 次の空らんをうめなさい。

(1) $(2x^2-3x+5)+(x^2+7x-3)$

$= 2x^2-3x+5 \overset{ア}{\boxed{\phantom{00}}} x^2 \overset{イ}{\boxed{\phantom{00}}} 7x \overset{ウ}{\boxed{\phantom{00}}} 3$

$= \left(2 \overset{ア}{\boxed{\phantom{00}}} 1\right)x^2 + \left(-3 \overset{イ}{\boxed{\phantom{00}}} 7\right)x + \left(5 \overset{ウ}{\boxed{\phantom{00}}} 3\right)$

$= \overset{エ}{\boxed{\phantom{00}}} x^2 + \overset{オ}{\boxed{\phantom{00}}} x + \overset{カ}{\boxed{\phantom{00}}}$

(2) $(3x^2+8x-4)-(5x^2-8x-2)$

$= 3x^2+8x-4 \overset{ア}{\boxed{\phantom{00}}} 5x^2 \overset{イ}{\boxed{\phantom{00}}} 8x \overset{ウ}{\boxed{\phantom{00}}} 2$

$= \left(3 \overset{ア}{\boxed{\phantom{00}}} 5\right)x^2 + \left(8 \overset{イ}{\boxed{\phantom{00}}} 8\right)x + \left(-4 \overset{ウ}{\boxed{\phantom{00}}} 2\right)$

$= \overset{エ}{\boxed{\phantom{00}}} x^2 + \overset{オ}{\boxed{\phantom{00}}} x - \overset{カ}{\boxed{\phantom{00}}}$

**2** 多項式 $A=x^2-6x+3$, $B=3x^2+2x-1$ について，$A+B$ と $A-B$ を計算しなさい。

$A+B$

$A-B$

# 3 単項式の乗法

## 1 指数法則

$a$ を $n$ 個掛け合わせたものを $a$ の n乗 といい，$a^n$ と表します。

ただし，$a^1=a$ です。

$a^1$，$a^2$，$a^3$，…… をまとめて $a$ の 累乗 といい，$a^n$ における $n$ を 指数 といいます。

累乗について，次の 指数法則 が成り立ちます。

$$a\times a=a^2$$
$$a\times a\times a=a^3$$
$$\cdots\cdots\cdots\cdots$$
$$\underbrace{a\times a\times\cdots\cdots\times a}_{a\ \text{が}\ n\ \text{個}}=a^n$$

**重要!** $m$，$n$ を正の整数とすると

**1** $a^m\times a^n=a^{m+n}$ **2** $(a^m)^n=a^{mn}$ **3** $(ab)^n=a^n b^n$

## 2 単項式の乗法

掛け算のことを乗法といいます。乗法の結果が積です。

単項式の積は，それぞれの係数の積に，文字の積を掛けて計算することができます。

$$3x\times 2y=3\times 2\times x\times y=6xy \qquad (-4x)\times 5x=(-4)\times 5\times x\times x=-20x^2$$

係数の積 文字の積　　　　　　　　　　　　係数の積　　文字の積

文字の積には指数法則を利用できます。指数法則を利用すると，累乗の積が簡単に計算できます。

**例題**

次の計算をしなさい。

(1) $2a^4\times 7a^2$ (2) $(x^2y)^3\times(-3xy^2)$

**解答**

(1) $2a^4\times 7a^2 = \boxed{1}\ 2\times 7\times a^4\times a^2$

$\qquad\qquad = \boxed{2}\ 14a^{4+2}$ ← 指数法則 **1**

$\qquad\qquad = 14a^6$

(2) $(x^2y)^3\times(-3xy^2)$

$\qquad = \boxed{2}\ (x^2)^3 y^3\times(-3xy^2)$ ← 指数法則 **3**

$\qquad = x^{2\times 3}y^3\times(-3xy^2)$ ← 指数法則 **2**

$\qquad = x^6y^3\times(-3)xy^2$

$\qquad = \boxed{2}\ (-3)\times x^{6+1}\times y^{3+2}$ ← 指数法則 **1**

$\qquad = -3x^7y^5$

**考えかた**

$\boxed{1}$ ２つの単項式の係数の積，文字の積を，それぞれ計算する。

$\boxed{2}$ 文字の積には指数法則 **1**，**2**，**3** を利用する。

## 練 習 問 題

**1** 次の空らんをうめなさい。

(1) $a^2 \times 4a^3 = 4 \times a^2 \times a^3$

$$= 4a^{\boxed{\phantom{ア}} + \boxed{\phantom{イ}}}$$

$$= 4^{\boxed{\phantom{ウ}}}$$

**POINT**

1 $a^m \times a^n = a^{m+n}$

2 $(a^m)^n = a^{mn}$

3 $(ab)^n = a^n b^n$

(2) $(-x^2 y^3)^2 = (-1)^2 \times (x^2)^2 \times \left(\boxed{\phantom{ア}}\right)^2$

$$= x^{2 \times 2} \times y^{\boxed{\phantom{イ}} \times \boxed{\phantom{ウ}}}$$

$$= x^{\boxed{\phantom{エ}}} y^{\boxed{\phantom{オ}}}$$

**HINT**

$(abc)^n = a^n b^n c^n$

**2** 次の計算をしなさい。

(1) $2a^3 \times (-5a^2)$

(2) $7x^2 y \times 3x^4 y^2$

(3) $(-3a^2 b^4)^3$

(4) $(xy^2)^2 \times (-2x^2 y)^4$

# 4 多項式の乗法

## 1 単項式と多項式の乗法

単項式と多項式の積は，分配法則を利用して計算します。

$$2x(3x^2-x+4)$$
$$=2x\times 3x^2+2x\times(-x)+2x\times 4$$
$$=6x^3-2x^2+8x$$

（単項式）×（多項式）　→　多項式のすべての項に単項式を掛ける

**分配法則**

$$A(B+C)=AB+AC$$
$$(A+B)C=AC+BC$$

## 2 多項式と多項式の乗法

多項式と多項式の積は，分配法則を利用して，くり返しかっこ
をはずします。たとえば

$$(a+b)(c+d)=a(c+d)+b(c+d)$$
$$=ac+ad+bc+bd$$

（多項式）×（多項式）　→　それぞれの多項式の項を掛けて足す

多項式の積を計算して単項式の和の形に表すことを，展開 するといいます。

### 例 題

$(x+3)(x^2-2x+4)$ を展開しなさい。

解答

$$(x+3)(x^2-2x+4)$$
$$\boxed{1}\ =x(x^2-2x+4)+3(x^2-2x+4)$$
$$\boxed{2}\ =x^3-2x^2+4x+3x^2-6x+12$$
$$\boxed{3}\ =x^3+x^2-2x+12$$

$x^2-2x+4$ を $M$ とお
くと
$(x+3)M=xM+3M$

**考えかた**

1 式を展開する。

2 分配法則を利用してか
っこをはずす。

3 同類項をまとめる。

上の例題は，次のように計算することもできます。

$$(x+3)(x^2-2x+4)$$
$$=(x+3)x^2+(x+3)(-2x)+(x+3)\cdot 4$$
$$=x^3+3x^2-2x^2-6x+4x+12$$
$$=x^3+x^2-2x+12$$

## 練 習 問 題

**1** 次の空らんをうめなさい。

(1) $3x(x^2+2x-1)$

$$=3x\times{}^{\text{ア}}\boxed{\phantom{xxx}}+{}^{\text{イ}}\boxed{\phantom{xxx}}\times2x+3x\times(-1)$$

$$={}^{\text{ウ}}\boxed{\phantom{xxx}}x^3+{}^{\text{エ}}\boxed{\phantom{xxx}}x^2-{}^{\text{オ}}\boxed{\phantom{xxx}}x$$

HINT

$x^2+2x-1$ の各項に $3x$ を掛ける。

(2) $(x^2+4x+3)(x-2)$

$$=\Big({}^{\text{ア}}\boxed{\phantom{xxxxxx}}\Big)\times x+\Big({}^{\text{ア}}\boxed{\phantom{xxxxxx}}\Big)\times(-2)$$

$$=x^3+4x^2+{}^{\text{イ}}\boxed{\phantom{xxx}}x-{}^{\text{ウ}}\boxed{\phantom{xxx}}x^2-8x-{}^{\text{エ}}\boxed{\phantom{xxx}}$$

$$=x^3+{}^{\text{オ}}\boxed{\phantom{xxx}}x^2-{}^{\text{カ}}\boxed{\phantom{xxx}}x-6$$

HINT

$x^2+4x+3$ を $M$ とおくと
$M(x-2)=Mx-2M$

**2** 次の式を展開しなさい。

(1) $2x^2(3x^2+x-6)$

(2) $(-x^2+2x+3)\times(-4x)$

(3) $(2x^2-x)(x+5)$

(4) $(x-2)(x^2+3x+1)$

# 5 展開の公式 (1)

## 1 展開の公式 (中学校で学んだ公式)

次の公式は，多項式の展開でよく利用されます。

> **重要!**
>
> **1** $(a+b)^2=a^2+2ab+b^2$ （和の平方の公式）
>
> **2** $(a-b)^2=a^2-2ab+b^2$ （差の平方の公式）
>
> **3** $(a+b)(a-b)=a^2-b^2$ （和と差の積の公式）
>
> **4** $(x+a)(x+b)=x^2+(a+b)x+ab$

### 例題 1

次の式を展開しなさい。

(1) $(x+3)^2$　　　　(2) $(2x-1)^2$　　　　(3) $(5x+4y)(5x-4y)$

**解答**

(1) $(x+3)^2 \overset{\boxed{1}}{=} x^2+2\times x\times 3+3^2$　　← 公式 **1**

　　　　$=x^2+6x+9$

(2) $(2x-1)^2 \overset{\boxed{1}}{=} (2x)^2-2\times 2x\times 1+1^2$　　← 公式 **2**

　　　　$=4x^2-4x+1$

(3) $(5x+4y)(5x-4y) \overset{\boxed{1}}{=} (5x)^2-(4y)^2$　　← 公式 **3**

　　　　$=25x^2-16y^2$

**考えかた**

$\boxed{1}$ 式の形を見て，展開の公式 **1**～**3** に文字や数字をあてはめて展開する。

### 例題 2

次の式を展開しなさい。

(1) $(x+2)(x+4)$　　　　　　(2) $(x+3y)(x-5y)$

**解答**

(1) $(x+2)(x+4) \overset{\boxed{1}}{=} x^2+(2+4)x+2\times 4$

　　　　　$=x^2+6x+8$

(2) $(x+3y)(x-5y)$

　$\overset{\boxed{1}}{=} x^2+\{3y+(-5y)\}x+3y\times(-5y)$

　$=x^2-2xy-15y^2$

**考えかた**

$\boxed{1}$ 式の形を見て，展開の公式 **4** に文字や数字をあてはめて展開する。

## 練 習 問 題

**1** 次の空らんをうめなさい。

(1) $(2x+3)^2 = (2x)^2 + 2 \times {}^{ア}\boxed{\phantom{00}} \times 3 + {}^{イ}\boxed{\phantom{00}}{}^2$

$= {}^{ウ}\boxed{\phantom{0000}}$

(2) $(4x-y)^2 = (4x)^2 - 2 \times {}^{ア}\boxed{\phantom{00}} \times y + {}^{イ}\boxed{\phantom{00}}{}^2$

$= {}^{ウ}\boxed{\phantom{0000}}$

(3) $(8x+3y)(8x-3y) = \left({}^{ア}\boxed{\phantom{00}}\right)^2 - \left({}^{イ}\boxed{\phantom{00}}\right)^2$

$= {}^{ウ}\boxed{\phantom{0000}}$

(4) $(x+2y)(x+3y) = x^2 + \left(2y + {}^{ア}\boxed{\phantom{00}}\right)x + {}^{イ}\boxed{\phantom{00}} \times 3y$

$= {}^{ウ}\boxed{\phantom{0000}}$

**POINT**

(1) 展開の公式 **1**
$(a+b)^2 = a^2 + 2ab + b^2$

(2) 展開の公式 **2**
$(a-b)^2 = a^2 - 2ab + b^2$

(3) 展開の公式 **3**
$(a+b)(a-b) = a^2 - b^2$

(4) 展開の公式 **4**
$(x+a)(x+b)$
$= x^2 + (a+b)x + ab$

**2** 次の式を展開しなさい。

(1) $(3x+2)^2$

(2) $(x-6y)^2$

(3) $(2x+7)(2x-7)$

(4) $(x+y)(x-3y)$

# 6 展開の公式 (2)

## 1 $(ax+b)(cx+d)$ の展開

$ax+b$ と $cx+d$ の積を展開すると

$$(ax+b)(cx+d)$$
$$=ax(cx+d)+b(cx+d)$$ かっこをはずして展開する
$$=acx^2+adx+bcx+bd$$ 同類項をまとめる
$$=acx^2+(ad+bc)x+bd$$

$(ax+b)(cx+d)$ の展開は，公式として利用されます。

重要!

**5** $(ax+b)(cx+d)=acx^2+(ad+bc)x+bd$

---

例題

次の式を展開しなさい。

(1) $(2x+5)(3x+1)$          (2) $(x-4y)(2x+3y)$

解答

(1) $(2x+5)(3x+1)$

$\boxed{1}$
$=(2\times3)x^2+(2\times1+5\times3)x+5\times1$

$=6x^2+17x+5$

$(2x+5)(3x+1)=(2\times3)x^2+(2\times1+5\times3)x+5\times1$

(2) $(x-4y)(2x+3y)$

$\boxed{1}$
$=(1\times2)x^2+\{1\times3y+(-4y)\times2\}x+(-4y)\times3y$

$=2x^2-5xy-12y^2$

$(x-4y)(2x+3y)$

$=(1\times2)x^2+\{1\times3y+(-4y)\times2\}x+(-4y)\times3y$

**考えかた**

$\boxed{1}$ 式の形を見て，展開の公式 **5** に文字や数字をあてはめて展開する。

## 練 習 問 題

**1** 次の空らんをうめなさい。

(1) $(x+3)(2x+1)$

$= \left(^{ア}\boxed{\phantom{00}}\times2\right)x^2+\left(1\times1+3\times{}^{イ}\boxed{\phantom{00}}\right)x+3\times1$

$= {}^{ウ}\boxed{\phantom{0000}}$

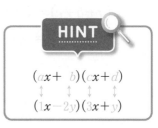

HINT

$(ax+b)(cx+d)$
$(1x+3)(2x+1)$

(2) $(x-2y)(3x+y)$

$= (1\times3)x^2+\left\{1\times{}^{ア}\boxed{\phantom{00}}+\left(^{イ}\boxed{\phantom{00}}\right)\times3\right\}x+(-2y)\times y$

$= {}^{ウ}\boxed{\phantom{0000}}$

HINT

$(ax+\ b)(cx+d)$
$(1x-2y)(3x+y)$

**2** 次の式を展開しなさい。

(1) $(3x+2)(2x+5)$

(2) $(2x-3)(4x+1)$

(3) $(2x-y)(x+2y)$

(4) $(3x-4y)(2x-3y)$

# 7 展開の工夫

## 1 おき換えを利用した展開

複雑な式を展開するとき，式の一部を 1 つのまとまりとみると，これまでに学んだ展開の公式を利用できることがあります。

たとえば，$(a+b+c)^2$ は，このままでは展開の公式が使えませんが，$a+b$ を 1 つのまとまりとみて $A$ とおくと

$$(a+b+c)^2 = (A+c)^2$$
$$= A^2 + 2Ac + c^2 \qquad \leftarrow 展開の公式 \mathbf{1}\ (\rightarrow p.\,12)$$
$$= (a+b)^2 + 2(a+b)c + c^2 \qquad \leftarrow A\ を\ a+b\ にもどす$$
$$= a^2 + 2ab + b^2 + 2ac + 2bc + c^2 \qquad \leftarrow 展開の公式 \mathbf{1}$$
$$= a^2 + b^2 + c^2 + 2ab + 2bc + 2ca \qquad \leftarrow 見やすい形に整理$$

注　上のような式の展開では，$ab$，$bc$，$ca$ の順に式を整理しておくことが多いです。

---

### 例題

次の式を展開しなさい。

(1) $(x+y+1)(x+y-3)$　　　　(2) $(x+y+z)(x-y+z)$

解答　(1)　$x+y$ を $A$ とおくと

$$(x+y+1)(x+y-3) \overset{\boxed{1}}{=} (A+1)(A-3)$$
$$\overset{\boxed{2}}{=} A^2 - 2A - 3$$
$$\overset{\boxed{3}}{=} (x+y)^2 - 2(x+y) - 3$$
$$\overset{\boxed{4}}{=} x^2 + 2xy + y^2 - 2x - 2y - 3$$

(2)　$(x+y+z)(x-y+z) = (x+z+y)(x+z-y)$

$x+z$ を $A$ とおくと

$$(x+y+z)(x-y+z) \overset{\boxed{1}}{=} (A+y)(A-y)$$
$$\overset{\boxed{2}}{=} A^2 - y^2$$
$$\overset{\boxed{3}}{=} (x+z)^2 - y^2$$
$$\overset{\boxed{4}}{=} x^2 + 2xz + z^2 - y^2$$
$$= x^2 - y^2 + z^2 + 2xz$$

**考えかた**

$\boxed{1}$ 式の中でくり返し出てくるものを 1 つのまとまりとみて，文字 $A$ でおき換える。

$\boxed{2}$ 展開の公式 ($\rightarrow$ p. 12) を利用して展開する。

$\boxed{3}$ 文字 $A$ をもとの形にもどす。

$\boxed{4}$ 展開の公式 ($\rightarrow$ p. 12) を利用して展開する。

# 練 習 問 題

**1** 次の空らんをうめて，$(x-2y-3)(x-2y-1)$ を展開しなさい。

$x-2y$ を $A$ とおくと

$(x-2y-3)(x-2y-1)$

$=(A-3)(A-1)$

$=A^2-\overset{ア}{\boxed{\phantom{00}}}A+\overset{イ}{\boxed{\phantom{00}}}$

$=(x-2y)^2-\overset{ア}{\boxed{\phantom{00}}}(x-2y)+\overset{イ}{\boxed{\phantom{00}}}$

$=x^2-4xy+4y^2-\overset{ウ}{\boxed{\phantom{00}}}x+\overset{エ}{\boxed{\phantom{00}}}y+\overset{イ}{\boxed{\phantom{00}}}$

**POINT**

**展開の公式 1〜4**

$(a+b)^2=a^2+2ab+b^2$

$(a-b)^2=a^2-2ab+b^2$

$(a+b)(a-b)=a^2-b^2$

$(x+a)(x+b)$

$=x^2+(a+b)x+ab$

**2** 次の式を展開しなさい。

(1) $(a+b-c)^2$

(2) $(x+y+1)(x+y-1)$

(3) $(a-b+2)(a-b-5)$

(4) $(x-2y+3z)(x+4y+3z)$

# **8** 因数分解

## **1** 因数分解

$(x+1)(x+2)$ を展開すると

$$(x+1)(x+2)=x^2+3x+2$$

左辺と右辺を入れかえると

$$x^2+3x+2=(x+1)(x+2)$$

このように，１つの多項式をいくつかの多項式の積の形に表す
ことを，もとの式を 因数分解 するといい，積を作っている
１つ１つの多項式を，もとの式の 因数 といいます。

$x+1$ と $x+2$ は，$x^2+3x+2$ の因数です。

**POINT**

展　開

$(x+1)(x+2)$　$x^2+3x+2$

因数分解

## **2** 共通因数のくくり出し

多項式を因数分解するとき，すべての項に共通な因数があれば，その因数をかっこの外に
くくり出すことができます。

$$AB+AC=A(B+C)$$

$A$ が共通因数

$$AB-AC=A(B-C)$$

---

**例題**

次の式を因数分解しなさい。

(1) $a^2+2ab$

(2) $6x^2y-3xy$

(3) $4ax^2-8axy+16a^2x$

**解答**　(1) $a^2+2ab=a\times a+a\times 2b$

$\qquad \boxed{1}$

$\qquad =a(a+2b)$

(2) $6x^2y-3xy=3xy\times 2x-3xy\times 1$

$\qquad \boxed{1}$

$\qquad =3xy(2x-1)$

(3) $4ax^2-8axy+16a^2x$

$\quad =4ax\times x-4ax\times 2y+4ax\times 4a$

$\quad \boxed{1}$

$\quad =4ax(x-2y+4a)$

**考えかた**

$\boxed{1}$ 共通因数をすべてかっ
この外にくくり出す。

**1** 次の空らんをうめて因数分解しなさい。

(1) $ab^2-2abc=$ <sup>ア</sup>[　　]$\times b-$ <sup>ア</sup>[　　]$\times 2c$

$=$ <sup>ア</sup>[　　]$(b-2c)$

<sup>ア</sup>[　　] が共通因数

(2) $6axy^2+9ax^2y=$ <sup>ア</sup>[　　]$\times 2y+$ <sup>ア</sup>[　　]$\times 3x$

$=$ <sup>イ</sup>[　　　　　　]

**POINT**

くくり出すことのできる
数や式は，すべてくくり
出す。

**2** 次の式を因数分解しなさい。

(1) $ab+bc$

(2) $ax^2-3axy$

(3) $12x^2y-9xy^3$

(4) $6a^2b^2c+8ab^2c^2-2abc$

(5) $(x-y)a+(x-y)b$

**HINT**

(5) 共通因数が単項式と
は限らない。

# 9 因数分解の公式（1）

## 1 因数分解の公式（中学校で学んだ公式）

展開の公式 **1**〜**4** を逆にみると，次の因数分解の公式が得られます。

**1** $a^2+2ab+b^2=(a+b)^2$

**2** $a^2-2ab+b^2=(a-b)^2$

**3** $a^2-b^2=(a+b)(a-b)$

**4** $x^2+(a+b)x+ab=(x+a)(x+b)$

---

### 例題 1

次の式を因数分解しなさい。

(1) $x^2+10x+25$    (2) $4x^2-12x+9$    (3) $16x^2-49y^2$

**解答**

(1) $x^2+10x+25=x^2+2\times x\times 5+5^2$
   $\boxed{1}=(x+5)^2$    公式 **1**

(2) $4x^2-12x+9=(2x)^2-2\times 2x\times 3+3^2$
   $\boxed{1}=(2x-3)^2$    公式 **2**

(3) $16x^2-49y^2=(4x)^2-(7y)^2$
   $\boxed{1}=(4x+7y)(4x-7y)$    公式 **3**

**考えかた**

$\boxed{1}$ 式の形を見て，因数分解の公式 **1**〜**3** に文字や数字をあてはめる。

---

### 例題 2

$x^2+5x+6$ を因数分解しなさい。

**解答** $x^2+5x+6$
$\boxed{1}=x^2+(2+3)x+2\times 3$
$\boxed{2}=(x+2)(x+3)$

| 積が6 | 和が5 |
|---|---|
| 1 と 6 | × |
| −1 と −6 | × |
| 2 と 3 | ○ |
| −2 と −3 | × |

**考えかた**

$\boxed{1}$ $x^2+\bigcirc x+\square$ の因数分解は，和が $\bigcirc$，積が $\square$ となる2数の組み合わせを見つける。

$\boxed{2}$ 因数分解の公式 **4** に数字をあてはめる。

第1章　数と式

## 練 習 問 題

**1** 次の空らんをうめて因数分解しなさい。

(1) $x^2+12x+36=x^2+2\times x\times{}^{ア}\boxed{\phantom{xx}}+{}^{ア}\boxed{\phantom{xx}}{}^2$

$\qquad ={}^{イ}\boxed{\phantom{xxxxxx}}$

(2) $x^2-16y^2=x^2-\left({}^{ア}\boxed{\phantom{xx}}\right)^2$

$\qquad ={}^{イ}\boxed{\phantom{xxxxx}}$

(3) $x^2+3x-4$

$=x^2+\left(-1+{}^{ア}\boxed{\phantom{xx}}\right)x+(-1)\times{}^{ア}\boxed{\phantom{xx}}$

$={}^{イ}\boxed{\phantom{xxxx}}$

**POINT**

因数分解の公式 **1～4**

$a^2+2ab+b^2=(a+b)^2$
$a^2-2ab+b^2=(a-b)^2$
$a^2-b^2=(a+b)(a-b)$
$x^2+(a+b)x+ab$
$\qquad =(x+a)(x+b)$

**2** 次の式を因数分解しなさい。

(1) $4x^2-4x+1$

(2) $9x^2-y^2$

(3) $x^2-x-6$

(4) $x^2-10xy+24y^2$

# 10 因数分解の公式（2）

## 1 $acx^2+(ad+bc)x+bd$ の因数分解

展開の公式 **5** を逆にみると，次の因数分解の公式が得られます。

> 重要！ **5** $acx^2+(ad+bc)x+bd=(ax+b)(cx+d)$

たとえば，この公式を用いて $2x^2+5x-3$ を因数分解するには，

$$ac=2, \quad ad+bc=5, \quad bd=-3$$

となる $a$，$b$，$c$，$d$ を見つければよいことがわかります。

このとき，右の図のような計算（**たすきがけ** といいます）が
利用されます。

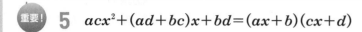

[1] $ac=2$ の 2 を　　　$1\times2$

$bd=-3$ の $-3$ を　$1\times(-3)$，$(-1)\times3$，$3\times(-1)$，$(-3)\times1$

のように，2 数の積に分解します。

[2] $a=1$，$c=2$ として，$b$，$d$ の候補から，$ad+bc=5$ となるものを見つけます。

$$
\begin{array}{ccc}
1 & 1 & \to \ \ 2\\
2 & -3 & \to -3\\
\hline
2 & -3 & -1
\end{array}\times
\qquad
\begin{array}{ccc}
1 & -1 & \to -2\\
2 & 3 & \to \ \ 3\\
\hline
2 & -3 & 1
\end{array}\times
\qquad
\begin{array}{ccc}
1 & 3 & \to \ \ 6\\
2 & -1 & \to -1\\
\hline
2 & -3 & 5
\end{array}\bigcirc
$$

[3] $a=1$，$b=3$，$c=2$，$d=-1$ のときが適するので　$2x^2+5x-3=(x+3)(2x-1)$

---

### 例 題

$3x^2+7x-6$ を因数分解しなさい。

（解 答）
$$3x^2+7x-6$$
$$=(x+3)(3x-2)$$

$$
\begin{array}{ccc}
1 & 3 & \to \ \ 9\\
3 & -2 & \to -2\\
\hline
3 & -6 & 7
\end{array}
$$

**考えかた**

1 因数分解の公式 **5** に数字をあてはめることを考える。$ac=3$，$bd=-6$ となる $a$，$b$，$c$，$d$ の候補を選ぶ。

2 1 から，たすきがけで $ad+bc=7$ となるものを見つける。

（参考）2 適さない例

$$
\begin{array}{ccc}
1 & -3 & \to -9\\
3 & 2 & \to \ \ 2\\
\hline
3 & -6 & -7
\end{array}\times
$$

$$
\begin{array}{ccc}
1 & 6 & \to \ 18\\
3 & -1 & \to -1\\
\hline
3 & -6 & 17
\end{array}\times
\qquad
\begin{array}{ccc}
1 & -6 & \to -18\\
3 & 1 & \to \ \ 1\\
\hline
3 & -6 & -17
\end{array}\times
$$

# 練 習 問 題

1 次の空らんをうめて，$2x^2+x-6$ を因数分解しなさい。

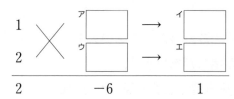

$$
\begin{array}{ccc}
1 & & \boxed{ア\quad} \rightarrow \boxed{イ\quad} \\
2 & & \boxed{ウ\quad} \rightarrow \boxed{エ\quad} \\
\hline
2 & -6 & 1
\end{array}
$$

したがって $2x^2+x-6=\left(^{オ}\boxed{\phantom{xxxx}}\right)\left(^{カ}\boxed{\phantom{xxxx}}\right)$

2 次の式を因数分解しなさい。

(1) $2x^2+5x+2$

(2) $3x^2-2x-1$

(3) $3x^2+2x-8$

(4) $6x^2-5x+1$

(5) $4x^2+4x-15$

(6) $6x^2+x-12$

# 11 因数分解の工夫

## 1 いろいろな因数分解

そのままでは公式を利用して因数分解ができない式も，たとえば，次の工夫をすることで，因数分解ができるようになる場合があります。

[1] 式が複雑で，適する因数分解の公式が見つからない

→ 式の一部を 1 つの文字でおき換えてみる

[2] 式の中に公式を利用して因数分解できる部分がある

→ 因数分解できる部分を因数分解してみる

---

### 例題 1

$(x+y)^2+3(x+y)-4$ を因数分解しなさい。

**解答** $x+y$ を $A$ とおくと

$$(x+y)^2+3(x+y)-4$$
$$\boxed{1}=A^2+3A-4$$
$$\boxed{2}=(A-1)(A+4)$$
$$\boxed{3}=(x+y-1)(x+y+4)$$

←因数分解の公式 **4**

←$A$ を $x+y$ にもどす

**考えかた**

$\boxed{1}$ 同じ式を 1 つの文字 $A$ におき換える。

$\boxed{2}$ 因数分解の公式（→ p. 20）を利用する。

$\boxed{3}$ 文字 $A$ をもとの形にもどす。

---

### 例題 2

$x^2-y^2+2x+1$ を因数分解しなさい。

**解答**
$$x^2-y^2+2x+1=(x^2+2x+1)-y^2$$
$$\boxed{1}=(x+1)^2-y^2$$
$$\boxed{2}=\{(x+1)+y\}\{(x+1)-y\}$$
$$=(x+y+1)(x-y+1)$$

**考えかた**

$\boxed{1}$ 2 乗と − がある式は，$(\quad)^2-(\quad)^2$ の形にすることを考える。

$\boxed{2}$ 因数分解の公式（→ p. 20）を利用する。
$x+1$ を文字 $A$ におき換えてもよい。

**参考** $\boxed{1}$ 適さない例

先に $x^2-y^2$ の部分を $x^2-y^2=(x+y)(x-y)$ とすると，$2x+1$ が残ってしまい因数分解ができない。

## 練 習 問 題

**1** 次の空らんをうめて，$x^2+9y^2-6xy-4$ を因数分解しなさい。

$$x^2+9y^2-6xy-4$$
$$=(x^2-6xy+9y^2)-4$$
$$=\left(\phantom{アアアアアア}^{ア}\right)^2-4$$

$\phantom{ア}^{ア}\boxed{\phantom{アアアアアア}}$ を $A$ とおくと

$$\left(\phantom{アアアアアア}^{ア}\right)^2-4=A^2-2^2$$

$$=\left(A+\phantom{イ}^{イ}\boxed{\phantom{イイ}}\right)\left(A-\phantom{イ}^{イ}\boxed{\phantom{イイ}}\right)$$

$$=\phantom{ウ}^{ウ}\boxed{\phantom{ウウウウウウウウウ}}$$

**POINT**

**因数分解の公式 1〜4**
$$a^2+2ab+b^2=(a+b)^2$$
$$a^2-2ab+b^2=(a-b)^2$$
$$a^2-b^2=(a+b)(a-b)$$
$$x^2+(a+b)x+ab$$
$$=(x+a)(x+b)$$

**2** 次の式を因数分解しなさい。

(1) $(x+y)^2-3(x+y)$

(2) $(x+y)^2+6(x+y)+5$

(3) $(x-y)^2+4(x-y)-12$

(4) $x^2+2xy+y^2-1$

# **12 実数**

## 1 有理数

整数 $m$ と 0 でない整数 $n$ を用いて，分数 $\dfrac{m}{n}$ の形に表される数を **有理数** といいます。整数 $m$ は，$\dfrac{m}{1}$ と表されるので有理数です。

整数以外の有理数を小数で表すと，たとえば，次のようになります。

$$\frac{1}{2}=0.5 \qquad \frac{5}{8}=0.625$$

$$\frac{1}{3}=0.333\cdots\cdots \qquad \frac{1}{7}=0.142857142857\cdots\cdots$$

3 をくり返す     142857 をくり返す

```
          0.142857…
    7 ) 10
         7
        ──
        30
        28
        ──
        20
        14
        ──        同じ
        60
        56
        ──
        40
        35
        ──
        50
        49
        ──
        10
```

小数第何位かで終わる小数を **有限小数** といい，小数点以下の数字が限りなく続く小数を **無限小数** といいます。

無限小数のうち，$0.333\cdots\cdots$ や $0.142857142857\cdots\cdots$ のように同じ数字の並びがくり返される小数を **循環小数** といいます。循環小数は，くり返す部分に・をつけて，次のようにも表します。

$$0.333\cdots\cdots=0.\dot{3}, \qquad 0.142857142857\cdots\cdots=0.\dot{1}4285\dot{7}$$

有理数は，整数，有限小数，循環小数のいずれかで表されます。

## 2 実数

整数，有限小数または無限小数で表される数とを合わせて **実数** といいます。

実数のうち，有理数でない数を **無理数** といいます。たとえば，$\sqrt{2}$ や円周率 $\pi$ は，無理数であることが知られています。

$$\begin{cases} \text{整数} \\ \text{有理数} \begin{cases} \text{整数} \\ \text{有限小数} \\ \text{循環小数} \end{cases} \\ \text{無理数} \quad \text{循環しない無限小数} \end{cases}$$

実数 $\left\{\begin{array}{l}\text{有理数}\left\{\begin{array}{l}\text{整数}\\\text{有限小数}\\\text{循環小数}\end{array}\right.\\\text{無理数 循環しない無限小数}\end{array}\right.$

$$\sqrt{2}=1.41421356\cdots\cdots$$
$$\pi=3.14159265\cdots\cdots$$

同じ並びをくり返さない数字が続く

実数の和，差，積，商について，次のことが成り立ちます。ただし，除法において，0 で割ることは考えません。

2 つの実数の和，差，積，商は，いつも実数になる。

## 練 習 問 題

**1** 次の空らんをうめなさい。

(1) 実数 $\dfrac{1}{5}$, $\dfrac{1}{7}$, $\dfrac{19}{16}$, $\sqrt{5}$, $-\pi$ について

有理数は <sup>ア</sup>[                    ]

無理数は <sup>イ</sup>[                    ]

有限小数で表される数は <sup>ウ</sup>[                    ]

無限小数で表される数は <sup>エ</sup>[                    ]

循環小数で表される数は <sup>オ</sup>[                    ]

(2) 分数 $\dfrac{1}{6}$ を小数で表すと $\dfrac{1}{6}=$ <sup>ア</sup>[                ]

分数 $\dfrac{1}{8}$ を小数で表すと $\dfrac{1}{8}=$ <sup>イ</sup>[                ]

よって，$\dfrac{1}{6}$ と $\dfrac{1}{8}$ のうち，有限小数になる分数は <sup>ウ</sup>[          ]

であり，循環小数になる分数は <sup>エ</sup>[        ] である。

$$6\overline{)10}^{\,0.} \qquad 8\overline{)10}^{\,0.}$$

**2** 次の分数を小数で表しなさい。循環小数は，$0.\dot{3}$ のような表し方で書きなさい。

(1) $\dfrac{3}{20}$

(2) $\dfrac{2}{15}$

# 13 数直線と絶対値

## 1 数直線

直線上に基準となる点Oをとって数 0 と対応させ，その点の両側に数の目もりをつけた直線を，数直線 といいます。点Oを 原点 といいます。

数直線上では，1つの実数に1つの点が対応しています。

たとえば，$\sqrt{2}$ は下の図のような数直線上の点と対応しています。

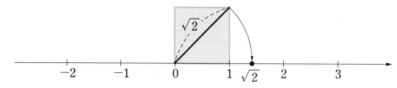

## 2 絶対値

数直線上で，実数 $a$ に対応する点と原点との距離を $a$ の 絶対値 といい，$|a|$ で表します。

0 の絶対値 $|0|$ は 0 であり，$|a|$ は 0 以上の数です。

例 3 の絶対値は $\quad |3|=3$

$\quad -3$ の絶対値は $\quad |-3|=3$

実数 $a$ の絶対値について，次のことが成り立ちます。

重要！

$a$ が正の数または 0 のとき $\quad |a|=a$

$a$ が負の数 のとき $\quad |a|=-a$

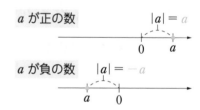

$a$ が正の数

$a$ が負の数

---

例題

次の値を求めなさい。

(1) $|8|$

(2) $\left|-\dfrac{2}{3}\right|$

解答 (1) $|8|\overset{\boxed{1}}{=}8$

(2) $\left|-\dfrac{2}{3}\right|\overset{\boxed{1}}{=}\dfrac{2}{3}$

考えかた

1 実数 $a$ の絶対値 $|a|$ は，$a$ の符号を除いた値になる。

## 練 習 問 題

**1** 次の空らんをうめなさい。

(1) 4つの実数 $\dfrac{1}{4}$, 2.5, $-\dfrac{1}{2}$, $-\sqrt{2}$ に対応する点を数直線上にしるすと，下の図のようになる。

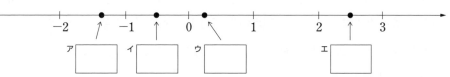

ア ◻  イ ◻  ウ ◻  エ ◻

(2) 数の絶対値について

$$|6| = \overset{ア}{\boxed{\phantom{000}}} \qquad |-1.2| = \overset{イ}{\boxed{\phantom{000}}} \qquad \left|-\dfrac{1}{3}\right| = \overset{ウ}{\boxed{\phantom{000}}}$$

**2** 次の値を求めなさい。

(1) $|3-2|$

(2) $|2-3|$

(3) $|-1-6|$

(4) $|4-(-5)|$

# 14 平方根

## 1 平方根

2乗して $a$ になる数を $a$ の 平方根 といいます。たとえば，

$3^2=9$，$(-3)^2=9$ であるから，3 と $-3$ はともに 9 の平方根です。

正の数 $a$ の平方根は 2 つあり，それらは絶対値が等しく符号が異なります。

その正の平方根を $\sqrt{a}$，負の平方根を $-\sqrt{a}$ と書きます。

0 の平方根は 0 だけで，$\sqrt{0}=0$ です。

> $a$ が正の数のとき
> $\sqrt{a^2}=a$

## 2 平方根の積と商

平方根の積と商について，次のことが成り立ちます。

> **重要!**　$a$，$b$ が正の数のとき　　$\sqrt{a}\sqrt{b}=\sqrt{ab}$，　$\dfrac{\sqrt{a}}{\sqrt{b}}=\sqrt{\dfrac{a}{b}}$

**例**　$\sqrt{2}\times\sqrt{5}=\sqrt{2\times5}=\sqrt{10}$，　$\dfrac{\sqrt{6}}{\sqrt{3}}=\sqrt{\dfrac{6}{3}}=\sqrt{2}$，　$2\sqrt{5}=\sqrt{2^2\times5}=\sqrt{20}$

上の例の計算を逆に行うと　　$\sqrt{20}=\sqrt{2^2\times5}=\sqrt{2^2}\sqrt{5}=2\sqrt{5}$

一般に，次のことが成り立ちます。

> **重要!**　$a$，$k$ が正の数のとき　　$\sqrt{k^2 a}=k\sqrt{a}$

$\sqrt{\phantom{x}}$ の中が同じ数の和や差は，次のように，分配法則を使って計算することができます。

$$a\sqrt{\bullet}+b\sqrt{\bullet}=(a+b)\sqrt{\bullet} \qquad \bullet \text{ は同じ正の数}$$

**例**　$3\sqrt{2}+4\sqrt{2}-\sqrt{2}=(3+4-1)\sqrt{2}=6\sqrt{2}$

 **例 題**

$\sqrt{12}+\sqrt{48}-\sqrt{27}$ を計算しなさい。

 **解 答**　$\sqrt{12}+\sqrt{48}-\sqrt{27}\overset{\boxed{1}}{=}\sqrt{2^2\times3}+\sqrt{4^2\times3}-\sqrt{3^2\times3}$

$\overset{\boxed{2}}{=}2\sqrt{3}+4\sqrt{3}-3\sqrt{3}$

$\overset{\boxed{3}}{=}(2+4-3)\sqrt{3}$

$=3\sqrt{3}$

**考えかた**

$\boxed{1}$ $\sqrt{\phantom{x}}$ 内の数を素因数分解する。

$\boxed{2}$ $\sqrt{k^2 a}=k\sqrt{a}$ を用いて，$\sqrt{\phantom{x}}$ 内の数を同じにする。

$\boxed{3}$ 分配法則を用いて計算する。

## 練 習 問 題

**1** 次の空らんをうめなさい。

(1) $\sqrt{2} \times \sqrt{6} = \sqrt{2 \times {}^{\text{ア}}\boxed{\phantom{0000}}}$

$\phantom{\sqrt{2} \times \sqrt{6}} = \sqrt{2^2 \times {}^{\text{イ}}\boxed{\phantom{0000}}}$

$\phantom{\sqrt{2} \times \sqrt{6}} = 2\sqrt{{}^{\text{イ}}\boxed{\phantom{0000}}}$

POINT

$\sqrt{\phantom{0}}$ 内の数をできるだけ小さい数にする。
$a$, $k$ が正の数のとき
$$\sqrt{k^2 a} = k\sqrt{a}$$

(2) $\sqrt{\dfrac{3}{49}} = \dfrac{\sqrt{3}}{\sqrt{{}^{\text{ア}}\boxed{\phantom{0000}}}} = \dfrac{\sqrt{3}}{{}^{\text{イ}}\boxed{\phantom{0000}}}$

(3) $\sqrt{50} - \sqrt{98} + 4\sqrt{2} = {}^{\text{ア}}\boxed{\phantom{0000}}\sqrt{2} - {}^{\text{イ}}\boxed{\phantom{0000}}\sqrt{2} + 4\sqrt{2}$

$\phantom{\sqrt{50} - \sqrt{98} + 4\sqrt{2}} = {}^{\text{ウ}}\boxed{\phantom{0000}}\sqrt{2}$

**2** 次の計算をしなさい。

(1) $\sqrt{6} \times \sqrt{10}$

(2) $\dfrac{\sqrt{48}}{\sqrt{3}}$

(3) $\sqrt{18} + \sqrt{8}$

(4) $\sqrt{45} - \sqrt{80} + \sqrt{20}$

# 15 根号を含む式の計算

## 1 根号を含む式の計算

分配法則や展開の公式は，根号を含む数でも成り立ちます。

例　$\sqrt{2}(\sqrt{2}+\sqrt{5})=(\sqrt{2})^2+\sqrt{2}\times\sqrt{5}$

$\qquad\qquad\quad=2+\sqrt{2\times5}$

$\qquad\qquad\quad=2+\sqrt{10}$

**分配法則**
$A(B+C)=AB+AC$
$(A+B)C=AC+BC$

## 2 分母の有理化

分母に $\sqrt{\phantom{x}}$ がある数は，分母と分子に同じ数を掛けて，分母に $\sqrt{\phantom{x}}$ がない数にすることができます。このことを，分母を 有理化 するといいます。

例　$\dfrac{4}{\sqrt{3}}=\dfrac{4\times\sqrt{3}}{\sqrt{3}\times\sqrt{3}}=\dfrac{4\sqrt{3}}{3}$　　　← 分母と分子に同じ数を掛ける

---

### 例題 1

$(\sqrt{2}+\sqrt{3})^2$ を計算しなさい。

解 答　$(\sqrt{2}+\sqrt{3})^2$

$\overset{\boxed{1}}{=}(\sqrt{2})^2+2\times\sqrt{2}\times\sqrt{3}+(\sqrt{3})^2$

$=2+2\sqrt{6}+3$

$=5+2\sqrt{6}$

**考えかた**

$\boxed{1}$ 展開の公式 **1**
（→ p. 12）を用いて計算する。

---

### 例題 2

$\dfrac{\sqrt{2}}{\sqrt{5}+\sqrt{3}}$ の分母を有理化しなさい。

解 答　$\dfrac{\sqrt{2}}{\sqrt{5}+\sqrt{3}}\overset{\boxed{1}}{=}\dfrac{\sqrt{2}(\sqrt{5}-\sqrt{3})}{(\sqrt{5}+\sqrt{3})(\sqrt{5}-\sqrt{3})}$

$\overset{\boxed{2}}{=}\dfrac{\sqrt{2}\times\sqrt{5}-\sqrt{2}\times\sqrt{3}}{(\sqrt{5})^2-(\sqrt{3})^2}$

$=\dfrac{\sqrt{10}-\sqrt{6}}{2}$

**考えかた**

$\boxed{1}$ 分母を有理化する。

$\boxed{2}$ 展開の公式 **3**
（→ p. 12）から
$(\sqrt{a}+\sqrt{b})(\sqrt{a}-\sqrt{b})$
$=(\sqrt{a})^2-(\sqrt{b})^2=a-b$
を用いて計算する。

第1章 数と式

# 練 習 問 題

**1** 次の空らんをうめなさい。

(1) $\sqrt{3}\,(\sqrt{2}+\sqrt{6}) = {}^{\text{ア}}\boxed{\phantom{00}} \times \sqrt{2} + {}^{\text{ア}}\boxed{\phantom{00}} \times \sqrt{6}$

$\qquad\qquad\qquad = {}^{\text{イ}}\boxed{\phantom{00}} + 3^{\,\text{ウ}}\boxed{\phantom{00}}$

**POINT**

$\sqrt{\phantom{0}}$ 内の数をできるだけ
小さい数にする。
$a$, $k$ が正の数のとき
$$\sqrt{k^2 a} = k\sqrt{a}$$

(2) $\dfrac{10}{\sqrt{5}} = \dfrac{10 \times {}^{\text{ア}}\boxed{\phantom{00}}}{\sqrt{5} \times {}^{\text{ア}}\boxed{\phantom{00}}} = {}^{\text{イ}}\boxed{\phantom{00}}$

**2** 次の式を計算しなさい。(4)～(6) は分母を有理化しなさい。

(1) $\sqrt{6}\,(\sqrt{2}+\sqrt{3})$

(2) $(\sqrt{7}-\sqrt{5})^2$

(3) $(2+\sqrt{3})(2-\sqrt{3})$

(4) $\dfrac{9}{\sqrt{3}}$

(5) $\dfrac{1}{\sqrt{5}+2}$

(6) $\dfrac{\sqrt{6}+\sqrt{3}}{\sqrt{6}-\sqrt{3}}$

# 16 不等式の性質

## 1 不等式

数量の大小関係を表す記号 $>$，$<$，$\geqq$，$\leqq$ を **不等号** といいます。

$X>2$ や $3x-1\leqq5$ のように，数量の大小関係を不等号を使って表した式を **不等式** といいます。

| | |
|---|---|
| $a>b$ | $a$ は $b$ より大きい |
| $a<b$ | $a$ は $b$ より小さい |
| $a\geqq b$ | $a$ は $b$ 以上である |
| $a\leqq b$ | $a$ は $b$ 以下である |

## 2 不等式の性質

不等式の両辺に同じ数を足したり，不等式の両辺から同じ数を引いたりしても，不等号の向きは変わりません。

**重要!** $A<B$ のとき $A+C<B+C$，$A-C<B-C$

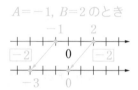

また，不等式の両辺に同じ正の数を掛けたり，不等式の両辺を同じ正の数で割ったりしても，不等号の向きは変わりません。

**重要!** $A<B$ のとき $C>0$ ならば $AC<BC$，$\dfrac{A}{C}<\dfrac{B}{C}$

一方，不等式の両辺に同じ負の数を掛けたり，不等式の両辺を同じ負の数で割ったりすると，不等号の向きは変わります。

**重要!** $A<B$ のとき $C<0$ ならば $AC>BC$，$\dfrac{A}{C}>\dfrac{B}{C}$

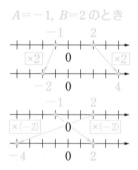

### 例題

$A<B$ のとき，次の2数の大小をそれぞれ答えなさい。
(1) $A-2$，$B-2$　　　　　　　　(2) $-2A$，$-2B$

(解答) (1) 不等式の両辺から同じ数を引いても，不等号の向きは変わらないから

$$A<B \text{ のとき } \quad A-2<B-2$$

(2) 不等式の両辺に同じ負の数を掛けると，不等号の向きは変わるから

$$A<B \text{ のとき } \quad -2A>-2B$$

考えかた

1 不等式の性質を利用する。

HINT

具体的な数で考えるとわかりやすい。

**1** 次の空らんをうめなさい。

(1)  $x$ が 10 より大きいことを不等式で表すと　　$x$ ［ア］ 10

　　　 $a$ が $-6$ 以下であることを不等式で表すと　　$a$ ［イ］ $-6$

(2)  $A<B$ のとき

$A+4$ ［ア］ $B+4$ 　　　$A-4$ ［イ］ $B-4$

$5A$ ［ウ］ $5B$ 　　　$-5A$ ［エ］ $-5B$

$\dfrac{A}{3}$ ［オ］ $\dfrac{B}{3}$ 　　　$\dfrac{A}{-3}$ ［カ］ $\dfrac{B}{-3}$

POINT

$\underline{A<B\ のとき}$
$C>0$ ならば
　　$AC<BC,\ \dfrac{A}{C}<\dfrac{B}{C}$
$C<0$ ならば
　　$AC>BC,\ \dfrac{A}{C}>\dfrac{B}{C}$

**2** $A<B$ のとき，次の ［　］ に適する不等号を答えなさい。

(1)  $\dfrac{1}{4}A$ ［　］ $\dfrac{1}{4}B$ 　　　(2)  $\dfrac{1}{4}A-6$ ［　］ $\dfrac{1}{4}B-6$

(3)  $-\dfrac{A}{2}$ ［　］ $-\dfrac{B}{2}$ 　　　(4)  $1-\dfrac{A}{2}$ ［　］ $1-\dfrac{B}{2}$

# 17 1次不等式とその解き方

## 1 不等式の解

不等式を成り立たせる文字の値を，その不等式の 解 といい，
不等式のすべての解を求めることを不等式を 解く といいます。
たとえば，$x=0$ や $x=1$ は不等式 $x+3<5$ の解ですが，$x=2$
や $x=3$ は不等式 $x+3<5$ の解ではありません。

| $x$ | $x+3$ | 大小 | 5 |
|---|---|---|---|
| 0 | 3 | $<$ | 5 |
| 1 | 4 | $<$ | 5 |
| 2 | 5 | $=$ | 5 |
| 3 | 6 | $>$ | 5 |

## 2 1次不等式

$x+3<0$ のように，不等式の右辺が $0$ になるように整理したとき，左辺が $x$ の 1 次式にな
る不等式を，$x$ の 1次不等式 といいます。
1 次不等式は，不等式の性質を用いて，不等式を $x<a$ や $x \geqq b$ などの形に変形すること
で解くことができます。

### 例題1

次の 1 次不等式を解きなさい。
(1) $x-2>1$  (2) $-3x \leqq 9$

（解答） (1) 不等式の両辺に 2 を足すと

$$x-2+2>1+2$$

よって $x>3$

(2) 不等式の両辺を $-3$ で割ると

$$\frac{3x}{-3} \geqq \frac{9}{-3} \quad \text{← 不等号の向きが変わる}$$

よって $x \geqq -3$

**考えかた**

1 不等式の性質
(→ p.34) を用いて解く。

不等式の性質により，不等式でも方程式の場合と同じように
移項 による式の変形ができます。

$$x-2>1$$
移項 $\rightarrow$ 符号が変わる
$$x \quad >1+2$$

### 例題2

1 次不等式 $2x-3<6x+5$ を解きなさい。

（解答） $-3$ を右辺に，$6x$ を左辺にそれぞれ移項すると

$$2x-6x<5+3 \quad ← 1$$
$$-4x<8 \quad 2$$

よって $x>-2$

**考えかた**

1 文字 $x$ を含む項を左辺
に，数の項を右辺に移項。
2 不等式の性質を用いる。

## 練 習 問 題

**1** 次の空らんをうめて，それぞれの 1 次不等式を解きなさい。ただし，アには不等号が入ります。

(1) $\qquad x+5>2$

両辺から 5 を引くと $\quad x\,{}^{\text{ア}}\boxed{\phantom{00}}\,{}^{\text{イ}}\boxed{\phantom{00}}$

POINT

不等号の向きに注意して，不等式を変形する。

(2) $\qquad \dfrac{1}{2}x\geqq -3$

両辺に 2 を掛けると $\quad x\,{}^{\text{ア}}\boxed{\phantom{00}}\,{}^{\text{イ}}\boxed{\phantom{00}}$

(3) $\qquad -4x<12$

両辺を $-4$ で割ると $\quad x\,{}^{\text{ア}}\boxed{\phantom{00}}\,{}^{\text{イ}}\boxed{\phantom{00}}$

**2** 次の 1 次不等式を解きなさい。

(1) $2x+1>7$

(2) $x-9\leqq 4x$

(3) $3x+2\geqq x-8$

(4) $5x+2>6x-7$

# 18 連立不等式

## 1 連立不等式と解

たとえば，2 つの不等式 $x>-3$ と $x\leqq2$ を同時に
満たす $x$ の値の範囲は右の図のようになり，この
範囲は $-3<x\leqq2$ と表すことができます。

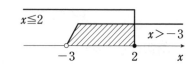

いくつかの不等式を組み合わせたものを 連立不等式 といいます。また，それらの不等式
を同時に満たす文字の値をすべて求めることを，連立不等式を 解く といいます。

---

### 例題

次の連立不等式を解きなさい。

(1) $\begin{cases} 2x+1<3 \\ x-6\leqq4x \end{cases}$　　　　(2) $\begin{cases} 6x-5\geqq13 \\ x+4>2x+3 \end{cases}$

（解答）　(1)　不等式 $2x+1<3$ を解くと　←$\boxed{1}$

$$2x<2$$

$$x<1 \quad \cdots\cdots ①$$

不等式 $x-6\leqq4x$ を解くと　←$\boxed{1}$

$$-3x\leqq6$$

$$x\geqq-2 \quad \cdots\cdots ②$$

①と②の共通範囲を

求めて　　$-2\leqq x<1$　$\boxed{2}$

共通な範囲

(2)　不等式 $6x-5\geqq13$ を解くと　←$\boxed{1}$

$$6x\geqq18$$

$$x\geqq3 \quad \cdots\cdots ①$$

不等式 $x+4>2x+3$ を解くと　←$\boxed{1}$

$$-x>-1$$

$$x<1 \quad \cdots\cdots ②$$

①と②の共通範囲は

ないから，この連立

不等式の解は　ない　$\boxed{2}$　共通な範囲がない

### 考えかた

$\boxed{1}$　2 つの不等式をそれぞれ解く。

$\boxed{2}$　数直線を利用して，それぞれの解の共通範囲を求める。
それぞれの解の共通範囲がないとき，連立不等式の解はない。

**1** 次の空らんをうめて，連立不等式 $\begin{cases} x-1<4 \\ 2x+3>x+5 \end{cases}$ を解きなさい。

不等式 $x-1<4$ を解くと

$x < {}^{ア}\boxed{\phantom{000}}$ …… ①

不等式 $2x+3>x+5$ を解くと

$x > {}^{イ}\boxed{\phantom{000}}$ …… ②

① と ② の共通範囲を求めて　${}^{ウ}\boxed{\phantom{00000000}}$

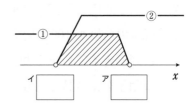

$\boxed{\phantom{000}}$ イ　　　$\boxed{\phantom{000}}$ ア

**2** 次の連立不等式を解きなさい。

(1) $\begin{cases} 4x+3>-1 \\ 2x<x+1 \end{cases}$

(2) $\begin{cases} 3x-1\leqq x+5 \\ -x+2<2x+8 \end{cases}$

(3) $\begin{cases} 7x+3<x+9 \\ 3x-2\geqq 5x+6 \end{cases}$

(4) $\begin{cases} 2x+1<4x-7 \\ x-4\leqq -x-6 \end{cases}$

# 19 不等式の利用

## 1 1次不等式の利用

不等式を利用して，身のまわりの問題を解いてみましょう。

**例** 1本120円の串団子を何本かと，1本150円のジュース2本を買って，代金の合計を1000円以下にしたい。120円の串団子は何本まで買うことができるでしょうか。

串団子を $x$ 本買うとすると，串団子の値段は $120x$ 円です。

よって，代金の合計は　　　$120x+150 \cdot 2=120x+300$（円）

代金の合計を1000円以下にしたいので　　$\underline{120x+300 \leqq 1000}$

300を右辺に移項すると　　　　　　　　　　$120x \leqq 700$

不等式の両辺を120で割ると　　　　　　　　$x \leqq \dfrac{35}{6}$

この不等式を満たす最大の整数は5です。　←　$x$ は串団子の本数で，0以上の整数。

したがって，串団子は5本まで買うことができます。

---

### 例題

1個120円のドーナツと1個150円のドーナツを合わせて20個買って，代金の合計を2500円以下にしたい。150円のドーナツは何個まで買うことができるか。

**解答**　150円のドーナツを $x$ 個買うとすると，120円のドーナツは $(20-x)$ 個買うことになる。　　←　1

よって，代金の合計は

$$120(20-x)+150x=2400-120x+150x$$
$$=30x+2400\text{（円）}$$

代金の合計を2500円以下にしたいから

$$30x+2400 \leqq 2500 \quad ← \boxed{2}$$

$$30x \leqq 100$$

$$\left.\begin{array}{c}\end{array}\right\} \boxed{3}$$

よって　　　$x \leqq \dfrac{10}{3}$

この不等式を満たす最大の整数は3である。　←　4

したがって，150円のドーナツは3個まで買うことができる。

**考えかた**

1 求める150円のドーナツの個数を $x$ とおく。

2 数量関係を不等式で表す。

3 不等式を解く。

4 解を検討する。$x$ は個数であるから，0以上の整数。

## 練 習 問 題

**1** 次の空らんをうめなさい。

1個150円のおにぎりを何個かと，1本200円のお茶
2本を買って，代金の合計を2000円以下にしたい。
このとき，おにぎりを $x$ 個買うとすると，おにぎりの

値段は ［ア　　　］円

POINT

求めるものを $x$ として，
大小関係を不等式で表す。

よって，代金の合計は

$$\text{［ア　　　］} + 200 \cdot 2 = \text{［イ　　　　　］}（円）$$

代金の合計を2000円以下にしたいから　［イ　　　　　］ $\leq 2000$

$$\text{［ウ　　　］} x \leq \text{［エ　　　］}$$

$$x \leq \frac{\text{［オ　　　］}}{\text{［カ　　　］}}$$

この不等式を満たす最大の整数は ［キ　　　］ である。

したがって，おにぎりは ［キ　　　］ 個まで買うことができる。

**2** 1個100円のあんパンと1個180円のクリームパンを合わせて15個買って，代金の
合計を2000円以下にしたい。クリームパンは何個まで買うことができるか。

# 確 認 テ ス ト

**1** $A=x^2-3xy+2y^2$, $B=2x^2+xy-4y^2$ のとき, $3A-2B$ を計算しなさい。

**2** 次の式を展開しなさい。

(1) $(2x+3)(3x-5)$

(2) $(a+2b+3c)(a+2b-3c)$

**3** 次の式を因数分解しなさい。

(1) $x^3+4x^2+4x$

(2) $4x^2+3x-27$

(3) $2x^2-11xy+15y^2$

(4) $x^2+y^2-z^2-2xy$

**4** $|1+\sqrt{2}|+|1-\sqrt{2}|$ を計算しなさい。

**5** 次の計算をしなさい。(3), (4)は分母を有理化しなさい。

(1) $2\sqrt{12}-\sqrt{75}+3\sqrt{48}$

(2) $(\sqrt{2}+\sqrt{6})^2-(\sqrt{2}-\sqrt{6})^2$

(3) $\dfrac{2\sqrt{3}-3\sqrt{2}}{\sqrt{6}}$

(4) $\dfrac{1-2\sqrt{3}}{2+\sqrt{3}}$

**6** 次の不等式，連立不等式を解きなさい。

(1) $7x+9\leqq 4x+3$

(2) $2(x-1)>5x-14$

(3) $\begin{cases} x+10\geqq 3x \\ 3x-14<13+6x \end{cases}$

# 20 集合

## 1 集合

自然数全体の集まりのように，範囲がはっきりとしたものの集まりを **集合** といい，集合を構成している 1 つ 1 つのものを，その集合の **要素** といいます。

$x$ が集合 $A$ の要素であることを，$x \in A$ と表します。

$x$ が集合 $A$ の要素でないことを，$x \notin A$ と表します。

たとえば，$A$ を自然数全体の集合とすると

$$1 \in A, \quad 1.5 \notin A$$

集合は，記号 $\{\ \}$ の中に要素を並べて，次のように表すことができます。

6 の正の約数全体の集合を $A$ とすると　　　$A = \{1,\ 2,\ 3,\ 6\}$

100 以下の自然数全体の集合を $B$ とすると　$B = \{1,\ 2,\ 3,\ \cdots\cdots,\ 100\}$

**注**　要素が多い場合は，「……」を用いて途中を省略することがあります。

自然数
1, 2, 3, ……

## 2 部分集合

集合 $A = \{1,\ 3,\ 5\}$，$B = \{1,\ 2,\ 3,\ 4,\ 5\}$ において，$A$ の要素はすべて $B$ の要素になっています。

このように，集合 $A$ のどの要素も集合 $B$ の要素であるとき，$A$ は $B$ の **部分集合** であるといい，$A \subset B$ または $B \supset A$ と表します。

2 つの集合 $A$ と $B$ の要素がすべて一致しているとき，$A$ と $B$ は **等しい** といい，$A = B$ と表します。

$B$
$A$
3　1
　　5
2
4

---

**例題**

4 の正の約数全体の集合を $A$，12 の正の約数全体の集合を $B$ とするとき，2 つの集合の関係を，$\subset$，$=$ を使って表しなさい。

**解答**　　　$A = \{1,\ 2,\ 4\}$，$B = \{1,\ 2,\ 3,\ 4,\ 6,\ 12\}$　←[1]

　　　　よって　　　$A \subset B$

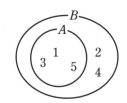

考えかた

[1] 2 つの集合の要素を具体的に書き並べて表し，要素を比較する。

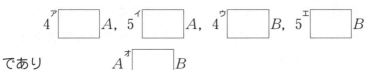

**1**　次の空らんをうめなさい。

(1)　$A=\{2,\ 4,\ 6,\ 8,\ 10\}$ とし，$B$ を 10 以下の自然数全体の集合とすると

$$4\ \overset{\text{ア}}{\boxed{\phantom{MM}}}\ A,\quad 5\ \overset{\text{イ}}{\boxed{\phantom{MM}}}\ A,\quad 4\ \overset{\text{ウ}}{\boxed{\phantom{MM}}}\ B,\quad 5\ \overset{\text{エ}}{\boxed{\phantom{MM}}}\ B$$

であり　　　　$A\ \overset{\text{オ}}{\boxed{\phantom{MM}}}\ B$

(2)　$A=\{1,\ 3,\ 9\}$ とし，$B$ を 9 の正の約数全体の集合とすると

$$A\ \overset{\text{ア}}{\boxed{\phantom{MM}}}\ B$$

**2**　次の 2 つの集合 $A$，$B$ の関係を，$\subset$，$=$ を使って表しなさい。

(1)　$A=\{2,\ 5,\ 7\}$，$B=\{2,\ 3,\ 5,\ 7,\ 11,\ 13\}$

(2)　$A=\{1,\ 2,\ 3,\ \cdots\cdots,\ 10\}$，$B=\{1,\ 3,\ 5,\ 7,\ 9\}$

(3)　$A=\{-1,\ 0,\ 1\}$，$B$ は絶対値が 1 以下の整数全体の集合

(4)　$A$ は正の偶数全体の集合，$B$ は正の 4 の倍数全体の集合

# 21 共通部分と和集合，補集合

## 1 共通部分と和集合

集合 $A$，$B$ について，$A$ と $B$ の両方に入っている要素全体の集合を $A$ と $B$ の 共通部分 といい，$A \cap B$ と表します。また，$A$ と $B$ の少なくとも一方に入っている要素全体の集合を $A$ と $B$ の 和集合 といい，$A \cup B$ と表します。

たとえば，$A = \{1, 3, 5\}$，$B = \{2, 3, 4, 5, 6\}$ の共通部分と和集合は，次のようになります。

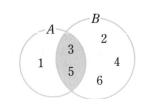

$$A \cap B = \{3, 5\}$$
$$A \cup B = \{1, 2, 3, 4, 5, 6\}$$

$A = \{1, 3, 5\}$，$B = \{2, 4, 6\}$ とすると，$A$ と $B$ の共通部分には，要素が 1 つもありません。

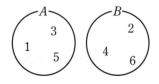

このように，要素を 1 つももたない集合を 空集合 といい，$\varnothing$ で表します。

## 2 全体集合と補集合

1 つの集合 $U$ を決めて，その要素や部分集合を考えるとき，$U$ を 全体集合 といいます。

全体集合 $U$ の部分集合 $A$ に対して，$U$ の要素のうち $A$ の要素でないもの全体の集合を，$A$ の 補集合 といい，$\overline{A}$ で表します。

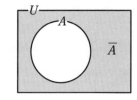

---

例題

$U = \{1, 2, 3, 4, 5, 6, 7, 8\}$ を全体集合とする。$U$ の部分集合 $A = \{2, 3, 5, 7\}$，$B = \{3, 6\}$ について，次の集合を求めなさい。

(1) $A \cap B$      (2) $A \cup B$      (3) $\overline{A}$

解 答 (1) $A \cap B = \{3\}$
     (2) $A \cup B = \{2, 3, 5, 6, 7\}$
     (3) $\overline{A} = \{1, 4, 6, 8\}$

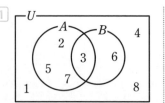

考えかた

1 集合の要素を図に書き込んで整理する。

## 練 習 問 題

**1** 次の空らんをうめなさい。

(1) $A=\{1,\ 3,\ 4,\ 6\}$, $B=\{2,\ 4,\ 6,\ 8\}$ とすると

$$A\cap B=\left\{^{ア}\boxed{\phantom{xxxxxxxx}}\right\}, \qquad A\cup B=\left\{^{イ}\boxed{\phantom{xxxxxxxx}}\right\}$$

(2) $U=\{1,\ 2,\ 3,\ 4,\ 5,\ 6\}$ を全体集合とするとき, $A=\{1,\ 3,\ 5\}$ について

$$\overline{A}=\left\{^{ア}\boxed{\phantom{xxxxxxxx}}\right\}$$

**2** 全体集合 $U$ を1けたの自然数全体の集合とする。2つの集合

$$A=\{1,\ 2,\ 4,\ 7,\ 8\},\quad B=\{1,\ 3,\ 4,\ 6,\ 8\}$$

について，次の集合を求めなさい。

(1) $\overline{A}$

(2) $\overline{B}$

(3) $\overline{A\cup B}$

(4) $\overline{A\cap B}$

(5) $\overline{A}\cap\overline{B}$

(6) $\overline{A}\cup\overline{B}$

---

✅ **COLUMN** ⋯⋯⋯ ド・モルガンの法則 ⋯⋯⋯

全体集合 $U$ の部分集合 $A$, $B$ について，
ド・モルガンの法則 と呼ばれる次の関係
が成り立ちます。

$$\overline{A\cup B}=\overline{A}\cap\overline{B}$$
$$\overline{A\cap B}=\overline{A}\cup\overline{B}$$

$\overline{A\cup B}=\overline{A}\cap\overline{B}$

$\overline{A\cap B}=\overline{A}\cup\overline{B}$

**2** の (3) と (5)，(4) と (6) の結果から，上の関係が成り立っていることがわかります。

# 22 命題とその真偽

## 1 命題とその真偽

「100 は偶数である」は正しいことが明らかですが，「100 は大きい数である」は正しいか正しくないかが決まりません。

数学では，正しいか正しくないかが明確に決まる文や式を 命題 といいます。

命題が正しいとき，その命題は 真 であるといい，

命題が正しくないとき，その命題は 偽 であるといいます。

| 命題の真偽 |
| --- |
| 命題「100 は偶数である」は 真 |
| 命題「101 は偶数である」は 偽 |

命題には「$x=2$ ならば $x^2=4$」のように，「$p$ ならば $q$」の形で表されるものがあります。

このような命題を，$p \Longrightarrow q$ と書き，$p$ を 仮定，$q$ を 結論 といいます。

## 2 命題と集合

$x$ を実数とするとき，命題「$x>1 \Longrightarrow x \geqq 0$」は真です。

このとき，$x>1$ を満たす実数全体の集合を $P$，

$x \geqq 0$ を満たす実数全体の集合を $Q$

とすると，$P \subset Q$ が成り立ちます。

一般に，全体集合 $U$ の要素のうち，

$p$ を満たすもの全体の集合を $P$，　$q$ を満たすもの全体の集合を $Q$

とすると，次のことが成り立ちます。

命題「$p \Longrightarrow q$」が真であることと $P \subset Q$ が成り立つことは同じである。

命題「$p \Longrightarrow q$」が偽であるのは，$p$ を満たすが $q$ は満たさないものが存在するときです。

そのような例を 反例 といいます。

反例を 1 つあげることで，命題が偽であることは示されます。

---

**例題**

$x$ が実数のとき，命題「$x^2=4 \Longrightarrow x=2$」の真偽をいいなさい。

(解答)　命題「$x^2=4 \Longrightarrow x=2$」について，$x=-2$ は $x^2=4$

を満たすが，$x=2$ を満たさない。　　　　　　　　←①

よって，$x=-2$ は反例となるから，この命題は偽で

ある。　　　　　　　　　　　　　　　　　　　　←②

考えかた

① 反例がないか調べる。

② 真の場合は証明する。
偽の場合は反例を 1 つあげる。

## 練習問題

**1** 次の空らんをうめなさい。

(1) $x$ が実数のとき，命題「$x \leqq -1 \Longrightarrow x < 1$」の真偽

　　　　$x \leqq -1$ を満たす実数 $x$ 全体の集合 $P$

　　　　$x < 1$　を満たす実数 $x$ 全体の集合 $Q$

　を数直線に表すと，右の図のようになる。

　命題は $\overset{ウ}{\boxed{\phantom{AAA}}}$ である。

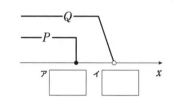

(2) $x$ が自然数のとき，命題「$x$ は素数である $\Longrightarrow$ $x$ は奇数である」の真偽

　　$x = \overset{ア}{\boxed{\phantom{AA}}}$ は素数であって，奇数でないから，命題は $\overset{イ}{\boxed{\phantom{AAA}}}$ である。

**2** 次の命題の真偽をいいなさい。

(1) $x$ が実数のとき，命題「$2 < x < 5 \Longrightarrow 0 < x < 10$」

(2) $x$ が実数のとき，命題「$x^2 = x \Longrightarrow x = 1$」

(3) $n$ が自然数のとき，命題「$n$ は 6 の約数である $\Longrightarrow$ $n$ は 12 の約数である」

# 23 必要条件と十分条件

## 1 必要条件と十分条件

命題「$p \Longrightarrow q$」が真であるとき,

　　　$p$ は $q$ であるための 十分条件 である

　　　$q$ は $p$ であるための 必要条件 である

といいます。

たとえば, $x$ を実数とするとき, 命題「$x=1 \Longrightarrow x^2=1$」は真のため, 次のことがいえます。

　　　　$x=1$ は　$x^2=1$ であるための十分条件である。

　　　　$x^2=1$ は　$x=1$ であるための必要条件である。

「$x>0$」や「$x$ は無理数である」などのように, 文字 $x$ を含む文や式で, $x$ に値を代入することで真偽が定まるものを, $x$ に関する 条件 といいます。

**POINT**

必要条件と十分条件
「$p \Longrightarrow q$」が真
十分条件　必要条件

## 2 必要十分条件

「$p \Longrightarrow q$」と「$q \Longrightarrow p$」をまとめて, 「$p \Longleftrightarrow q$」と書きます。

2 つの命題「$p \Longrightarrow q$」と「$q \Longrightarrow p$」がともに真であるとき, すなわち, 命題「$p \Longleftrightarrow q$」が真であるとき, $q$ は $p$ であるための 必要十分条件 であるといいます。このとき, $p$ は $q$ であるための必要十分条件でもあります。

命題「$p \Longleftrightarrow q$」が真であるとき, $p$ と $q$ は 同値 であるともいいます。

**例題**

　$x$ が実数のとき, $x^2=4$ であることは $x=2$ であるための, 必要条件, 十分条件, 必要十分条件のいずれであるかを答えなさい。

（解答）　命題「$x^2=4 \Longrightarrow x=2$」は偽。（反例：$x=-2$）　←①

　　　　命題「$x=2 \Longrightarrow x^2=4$」は真。　←②

　　　　よって, $x^2=4$ であることは $x=2$ であるための必要条件である。　←③

**考えかた**

① 命題を $p \Longrightarrow q$ の形に書いて, 真偽を調べる。

② その逆 $q \Longrightarrow p$ の真偽を調べる。

③ $p \Longrightarrow q$ が真ならば $p$ は $q$ であるための　　　　十分条件

$q \Longrightarrow p$ が真ならば $p$ は $q$ であるための　　　　必要条件

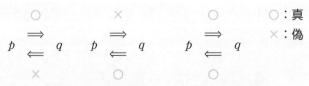

# 練 習 問 題

**1** $x$ は実数とする。次の空らんをうめなさい。

命題「$x \leqq 0 \Longrightarrow x < 1$」は <sup>ア</sup>□ であり，

← 命題の真偽を考える

命題「$x < 1 \Longrightarrow x \leqq 0$」は <sup>イ</sup>□ である。

よって，$x \leqq 0$ は $x < 1$ であるための <sup>ウ</sup>□ 条件であり，

$x < 1$ は $x \leqq 0$ であるための <sup>エ</sup>□ 条件である。

**2** 次の □ に入る言葉のうち，最も適するものを，「必要」，「十分」，「必要十分」の中から答えなさい。

(1) $n$ が自然数のとき，$n$ が 3 の倍数であることは $n$ が 9 の倍数であるための □ 条件である。

(2) $x$，$y$ が実数のとき，$x = y$ であることは $(x - y)^2 = 0$ であるための □ 条件である。

# 24 「かつ」「または」と否定

## 1 条件の否定

条件 $p$ に対して，「$p$ でない」という条件を $p$ の 否定
といい，$\bar{p}$ と表します。

実数 $x$ についての条件「$x>1$」の否定は
「$x>1$ ではない」，すなわち「$x \leqq 1$」です。

全体集合 $U$ の要素の中で，$p$ を満たすもの全体の集合を
$P$ とすると，$\bar{p}$ を満たすもの全体の集合は，$P$ の補集
合 $\bar{P}$ になります。

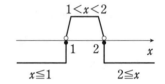

## 2 「かつ」の否定，「または」の否定

実数 $x$ についての条件「$1<x<2$」の否定は
「$1<x<2$ でない」，すなわち「$x \leqq 1$ または $2 \leqq x$」とな
ります。このことは，

　　　「$1<x$ かつ $x<2$」の否定は「$x \leqq 1$ または $2 \leqq x$」

であることを示しています。

また，条件「$x \leqq 1$ または $2 \leqq x$」の否定は「$1<x$ かつ $x<2$」，すなわち「$1<x<2$」にな
ります。

一般に，2 つの条件 $p$，$q$ については，次のことが成り立ちます。

> **「かつ」の否定，「または」の否定**
>
> $\overline{p \text{ かつ } q} \iff \bar{p}$ または $\bar{q}$
>
> $\overline{p \text{ または } q} \iff \bar{p}$ かつ $\bar{q}$

---

📖 **例題**

$x$，$y$ が実数のとき，次の条件の否定を答えなさい。
(1)　$x=3$ かつ $y=-5$　　　　　　(2)　$x<0$ または $x>1$

（解答）　(1)　否定は　$x \neq 3$ または $y \neq -5$

　　　　　(2)　否定は　$x \geqq 0$ かつ $x \leqq 1$　であるから　$0 \leqq x \leqq 1$

**考えかた**

1 条件の否定は
「かつ」と「または」が入
れ替わる。

**1** 次の空らんをうめなさい。

(1) $n$ は整数とすると，条件「$n$ は奇数である」の否定は

「$n$ は $\boxed{\phantom{xxxxx}}^{\text{ア}}$ である」

(2) $x$, $y$ は実数とすると，条件「$x<0$ かつ $y>0$」の否定は

「$x \boxed{\phantom{xx}}^{\text{ア}} 0$ または $y \boxed{\phantom{xx}}^{\text{イ}} 0$」

条件「$x \geqq 0$ または $y \leqq 0$」の否定は

「$x \boxed{\phantom{xx}}^{\text{ウ}} 0$ かつ $y \boxed{\phantom{xx}}^{\text{エ}} 0$」

**2** $x$, $y$ は実数とする。次の条件の否定をいいなさい。

(1) $x$ と $y$ はともに有理数である。

(2) $x$ と $y$ の少なくとも一方は有理数である。

HINT
$x$ が有理数 または $y$ が有理数

☑ **COLUMN**　「$p$ かつ $q$」，「$p$ または $q$」の否定

「かつ」，「または」，「でない」を用いて作られる条件と集合は，全体集合を $U$ とすると次のようになります。

| 条件 $p$ かつ $q$<br>集合 $P \cap Q$ | 条件 $p$ または $q$<br>集合 $P \cup Q$ | 条件 $\overline{p}$<br>集合 $\overline{P}$ |
|---|---|---|

 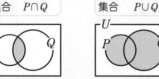  

ド・モルガンの法則（→ p. 47 **COLUMN**）により，次のことが成り立ちます。

  [1] $\overline{P \cap Q} = \overline{P} \cup \overline{Q}$  [2] $\overline{P \cup Q} = \overline{P} \cap \overline{Q}$

よって，[1] から $\overline{p \text{ かつ } q}$ $\Longleftrightarrow$ $\overline{p}$ または $\overline{q}$

   [2] から $\overline{p \text{ または } q}$ $\Longleftrightarrow$ $\overline{p}$ かつ $\overline{q}$

# 25 逆・対偶・裏

## 1 逆・対偶・裏

命題「$p \Longrightarrow q$」に対して,

「$q \Longrightarrow p$」を「$p \Longrightarrow q$」の 逆

「$\overline{q} \Longrightarrow \overline{p}$」を「$p \Longrightarrow q$」の 対偶

「$\overline{p} \Longrightarrow \overline{q}$」を「$p \Longrightarrow q$」の 裏

といいます。

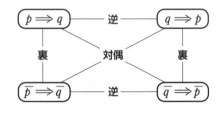

## 2 逆の真偽, 対偶の真偽

正しいことがらの逆が正しいとは限らないことは, 中学校でも学びました。

すなわち, 命題とその逆の真偽について, 次のことがいえます。

もとの命題が真であっても, その逆が真であるとは限らない。

右の図からわかるように, 全体集合$U$の部分集合$P$, $Q$

について, 次のことが成り立ちます。

$$P \subset Q \quad \Longrightarrow \quad \overline{Q} \subset \overline{P}$$
$$\underset{p \Longrightarrow q \text{ が真}}{} \qquad \underset{q \Longrightarrow p \text{ が真}}{}$$

$$\overline{Q} \subset \overline{P} \quad \Longrightarrow \quad P \subset Q$$
$$\underset{\overline{q} \Longrightarrow \overline{p} \text{ が真}}{} \qquad \underset{p \Longrightarrow q \text{ が真}}{}$$

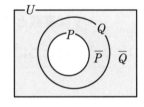

このことから, 命題とその対偶の真偽について, 次のことがいえます。

> 重要! 命題「$p \Longrightarrow q$」とその対偶「$\overline{q} \Longrightarrow \overline{p}$」の真偽は一致する。

### 例題

$x$ は実数とする。命題「$x=5 \Longrightarrow x^2=25$」の真偽を調べなさい。また, その逆, 対偶, 裏を述べ, それらの真偽を調べなさい。

 命題「$x=5 \Longrightarrow x^2=25$」は真である。

逆は　　「$x^2=25 \Longrightarrow x=5$」

これは偽である。(反例：$x=-5$)

対偶は　「$x^2 \neq 25 \Longrightarrow x \neq 5$」

これは真である。

裏は　　「$x \neq 5 \Longrightarrow x^2 \neq 25$」

これは偽である。(反例：$x=-5$)

**考えかた**

1 命題「$p \Longrightarrow q$」とその逆「$q \Longrightarrow p$」, 対偶「$\overline{q} \Longrightarrow \overline{p}$」, 裏「$\overline{p} \Longrightarrow \overline{q}$」について, 偽なら反例を示す。

**1** $x$ は実数とする。次の空らんをうめなさい。

(1) 命題「$x=1 \implies x^2=1$」の逆は

$$\lceil {}^{ア}\boxed{\phantom{xxxx}} \implies {}^{イ}\boxed{\phantom{xxxx}} \rfloor$$

もとの命題は真であり，逆は ${}^{ウ}\boxed{\phantom{xxx}}$ である。

(2) 命題「$x=1 \implies x>0$」の対偶は

$$\lceil {}^{ア}\boxed{\phantom{xxxx}} \implies {}^{イ}\boxed{\phantom{xxxx}} \rfloor$$

もとの命題は真であり，逆は ${}^{ウ}\boxed{\phantom{xxx}}$ である。

POINT

**逆・対偶・裏**

命題「$p \implies q$」

逆 「$q \implies p$」

対偶「$\bar{q} \implies \bar{p}$」

裏 「$\bar{p} \implies \bar{q}$」

第**2**章 集合と命題

**2** $x$, $y$ は実数とする。次の問いに答えなさい。

(1) 次の命題の逆・対偶・裏を述べ，その真偽を調べなさい。

「$x+y>0 \implies x>0$ かつ $y>0$」

(2) 次の命題は偽である。反例を1つ答えなさい。

「$x+y$ は有理数 $\implies x$, $y$ の少なくとも一方は有理数」

# 26 命題と証明

## 1 対偶を利用する証明

命題が真であることを証明するのに，対偶を利用して間接的に証明する方法があります。
命題とその対偶の真偽が一致するので，次のことがいえます。

> 命題「$p \Longrightarrow q$」が真であることを証明するのに，
> その対偶「$\overline{q} \Longrightarrow \overline{p}$」が真であることを証明してもよい。

例　$n$ を整数とするとき，命題「$n^2+1$ が偶数ならば，$n$ は奇数である」の真偽を調べる
ために，その対偶の真偽を調べます。

命題「$n^2+1$ が偶数ならば，$n$ は奇数である」の対偶は，次の通りです。

「$n$ が偶数ならば，$n^2+1$ は奇数である。」 ……（※）

偶数 $n$ は，ある整数 $k$ を用いて $n=2k$ と表されるので

$$n^2+1=(2k)^2+1=2 \cdot 2k^2+1$$

と計算できます。$2k^2$ は整数であるため，$n^2+1$ は奇数です。

よって，命題（※）は真で，もとの命題も真であることがわかります。

注　「命題が真であることを証明する」を簡単に書き表すため，今後は単に「命題を証明する」ということにします。

---

**例題**

$n$ を整数とするとき，対偶を利用して，次のことを証明しなさい。
$n^2$ が 3 で割り切れないならば，$n$ は 3 で割り切れない。

証明　対偶「$n$ が 3 で割り切れるならば，$n^2$ は 3 で割り切
れる。」を証明する。　←①
$n$ が 3 で割り切れるとき，$n$ は整数 $k$ を用いて，
$n=3k$ と表される。
このとき　　$n^2=(3k)^2=9k^2=3 \cdot 3k^2$
$3k^2$ は整数であるから，$n^2$ は 3 で割り切れる。
よって，対偶は真であり，もとの命題も真である。

考えかた

① 直接証明するのが難しい命題は，その対偶を利用した証明を考える。

整数 $n$ が 3 で割り切れるとき，整数 $k$ を用いて $n=3k$ と表される。

## 練 習 問 題

**1** $n$ は整数とする。次の文は，命題「$n^2+1$ が奇数ならば，$n$ は偶数である。」を証明するために，その対偶を証明したものです。空らんをうめなさい。

この命題の対偶は，次の命題である。

$$^{ア}\boxed{\phantom{aaaaaaaaaaaaaaaaaaaaaaaaaaaaaa}} \quad\cdots\cdots (※)$$

奇数 $n$ は，ある整数 $k$ を用いて $n=^{イ}\boxed{\phantom{aaaaa}}$ と表される。

このとき $\quad n^2+1=\left(^{イ}\boxed{\phantom{aaa}}\right)^2+1=^{ウ}\boxed{\phantom{aaaaaaaaa}}=2\left(^{エ}\boxed{\phantom{aaaaaaaaa}}\right)$

$^{エ}\boxed{\phantom{aaaaaaaaa}}$ は整数であるから，$n^2+1$ は $^{オ}\boxed{\phantom{aaaaa}}$ である。

よって，命題（※）は真であり，もとの命題も真である。

**2** $x$，$y$ は実数，$n$ は自然数とする。対偶を利用して，次のことを証明しなさい。

(1) 「$n^2$ が 9 の倍数でないならば，$n$ は 3 の倍数でない。」

(2) 「$x+y$ は無理数 $\implies x$，$y$ の少なくとも一方は無理数」

ただし，有理数と有理数の和は有理数になることを用いてよい。

# 確認テスト

**1** 15 以下の自然数全体の集合を全体集合 $U$ とする。$U$ の部分集合のうち，$A$ を 3 の倍数全体の集合，$B$ を 12 の約数全体の集合とするとき，次の集合を，要素を並べて表しなさい。

(1)　$A \cap B$

(2)　$A \cup B$

(3)　$\overline{A} \cap \overline{B}$

(4)　$\overline{A} \cup B$

**2** $x$, $y$ は実数とするとき，次の ☐ に「必要」，「十分」，「必要十分」のうち，最も適するものを入れなさい。

(1)　$x^2 > 0$ は $x > 0$ であるための ☐ 条件である。

(2)　「$x > 0$ かつ $y > 0$」は，$xy > 0$ であるための ☐ 条件である。

**3** $m$, $n$ は整数とするとき，$mn$ が偶数ならば，$m$ と $n$ の少なくとも一方は偶数であることを証明しなさい。

## 背理法

ある命題について，その命題が成り立たないと仮定して矛盾を導くことにより，もとの命題が正しいことを証明する方法があります。

そのような証明法を **背理法** といいます。

**4** 次の文は，$\sqrt{2}$ が無理数であることを用いて，$\sqrt{2}+3$ が無理数であることを説明したものである。⬜ をうめて説明を完成させなさい。

---

$\sqrt{2}+3$ が無理数でないと仮定すると，$\sqrt{2}+3$ は $^{ア}$⬜ である。

その $^{ア}$⬜ を $r$ とすると，$\sqrt{2}+3=r$ より

$$\sqrt{2} = {}^{イ}\boxed{\phantom{xxx}}$$

$r$ が $^{ア}$⬜ であるから，$^{イ}$⬜ も $^{ア}$⬜ である。

これは，$^{ウ}$⬜ が無理数であることに矛盾する。

この説明には，どこにも誤りがない。それにもかかわらず，このような矛盾が起こった理由は，「$\sqrt{2}+3$ が無理数でない」と仮定したことにある。

したがって，$\sqrt{2}+3$ は無理数である。

---

# 27 関数とグラフ

## 1 関数

2 つの変数 $x$, $y$ について，$y=2x+1$ や $y=x^2$ のように，$x$ の値が 1 つ決まると，それに対応して $y$ の値がただ 1 つ決まるとき，$y$ は $x$ の **関数** であるといいます。

$y$ が $x$ の関数であるとき，$y=f(x)$ などの記号を用いて表すことがあります。

このとき，$x=a$ における関数 $y=f(x)$ の値を $f(a)$ と表します。

**例**　$f(x)=2x+1$ のとき　　$f(3)=2\times 3+1=7$

　　　　　　　　　　　　　$f(-2)=2\times(-2)+1=-3$

## 2 関数の定義域と値域

$x$ の関数 $y$ において，$x$ がとりうる値の範囲を **定義域** といい，$x$ の値に対応して $y$ がとる値の範囲を **値域** といいます。

関数の定義域を示すのに，関数の式の後にかっこをつけて示すことがあります。

**例**　$y=2x+1\ (-1<x<2)$,　　$y=x^2\ (0\leqq x\leqq 3)$

## 3 関数のグラフ

関数を座標平面上の図形として表したものがグラフです。

中学校で学んだように，1 次関数 $y=ax+b$ のグラフは，

　　　傾きが $a$，切片が $b$ の直線

になります。

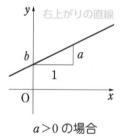

$a>0$ の場合　　　　$a<0$ の場合

---

**例 題**

関数 $y=-x+3\ (-2\leqq x\leqq 4)$ の値域を求めなさい。

**解答**　　$x=-2$ のとき

　　　　　　　$y=-(-2)+3=5$　←1

　　　　$x=4$ のとき

　　　　　　　$y=-4+3=-1$　←1

　　　よって，関数の値域は

　　　　　　$-1\leqq y\leqq 5$

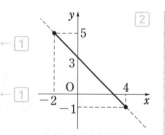

**考えかた**

1 関数の定義域の両端の座標を求める。

2 グラフをかいて判断するとよい。

## 練 習 問 題

**1** 次の空らんをうめなさい。

(1) 関数 $y=x^2$ について

　　$x=2$ のときの $y$ の値は　　$y=$ 〔ア□〕

　　$x=-3$ のときの $y$ の値は　　$y=$ 〔イ□〕

(2) 関数 $y=3x-2$ について

　　$x=1$ のときの $y$ の値は　　$y=$ 〔ア□〕

　　$x=-2$ のときの $y$ の値は　　$y=$ 〔イ□〕

**2** 次の関数のグラフをかき，値域を求めなさい。

(1) $y=\dfrac{1}{2}x-1 \ (-2 \leqq x \leqq 4)$

(2) $y=-3x+5 \ (-1 \leqq x \leqq 2)$

# 28 2次関数 $y=ax^2$ のグラフ

## 1 2次関数

$y=x^2$ や $y=2x^2+2x+3$ のように，$y$ が $x$ の2次式で表される関数を，**2次関数** といいます。中学校で学んだように，2次関数 $y=ax^2$ のグラフは **放物線** とよばれる左右対称な曲線になります。放物線の対称軸を，その放物線の **軸** といい，軸と放物線の交点を **頂点** といいます。

## 2 2次関数 $y=ax^2$ のグラフ

● $y=x^2$，$y=2x^2$ のグラフ

2つの2次関数 $y=x^2$ と $y=2x^2$ の値を比べると，次のようになります。

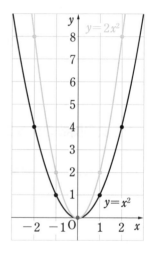

| $x$ | … | $-2$ | $-1$ | $0$ | $1$ | $2$ | … |
|---|---|---|---|---|---|---|---|
| $x^2$ | … | $4$ | $1$ | $0$ | $1$ | $4$ | … |
| $2x^2$ | … | $8$ | $2$ | $0$ | $2$ | $8$ | … |

2倍

$y=x^2$，$y=2x^2$ のグラフは，右の図のようになります。

$a>0$ のとき，$y=ax^2$ のグラフは，上に開いた放物線です。軸は $y$ 軸で，頂点は原点です。

上に開いた放物線は，下に凸であるといいます。

● $y=-x^2$，$y=-2x^2$ のグラフ

2つの2次関数 $y=-x^2$ と $y=-2x^2$ の値を比べると，次のようになります。

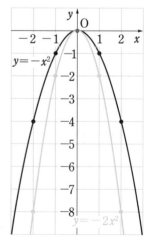

| $x$ | … | $-2$ | $-1$ | $0$ | $1$ | $2$ | … |
|---|---|---|---|---|---|---|---|
| $-x^2$ | … | $-4$ | $-1$ | $0$ | $-1$ | $-4$ | … |
| $-2x^2$ | … | $-8$ | $-2$ | $0$ | $-2$ | $-8$ | … |

2倍

$y=-x^2$，$y=-2x^2$ のグラフは，右の図のようになります。

$a<0$ のとき，$y=ax^2$ のグラフは，下に開いた放物線です。軸は $y$ 軸で，頂点は原点です。

下に開いた放物線は，上に凸であるといいます。

> **重要!** **2次関数 $y=ax^2$ のグラフ**
>
> グラフは放物線で，軸は $y$ 軸，頂点は原点である。
>
> $a>0$ のとき 下に凸　　$a<0$ のとき 上に凸

## 練 習 問 題

**1** 次の空らんをうめなさい。

(1) 2次関数 $y=3x^2$ のグラフは,

点 $\left(-2, \overset{ア}{\boxed{\phantom{00}}}\right)$, $\left(-1, \overset{イ}{\boxed{\phantom{00}}}\right)$, $(0, 0)$, $\left(1, \overset{ウ}{\boxed{\phantom{00}}}\right)$, $\left(2, \overset{エ}{\boxed{\phantom{00}}}\right)$

を通る曲線で, $\overset{オ}{\boxed{\phantom{00}}}$ に凸の放物線になります。

(2) 2次関数 $y=-3x^2$ のグラフは,

点 $\left(-2, \overset{ア}{\boxed{\phantom{00}}}\right)$, $\left(-1, \overset{イ}{\boxed{\phantom{00}}}\right)$, $(0, 0)$, $\left(1, \overset{ウ}{\boxed{\phantom{00}}}\right)$, $\left(2, \overset{エ}{\boxed{\phantom{00}}}\right)$

を通る曲線で, $\overset{オ}{\boxed{\phantom{00}}}$ に凸の放物線になります。

**2** 次の2次関数のグラフを,下の図にかきいれなさい。

(1) $y=\dfrac{1}{2}x^2$

(2) $y=-\dfrac{1}{2}x^2$

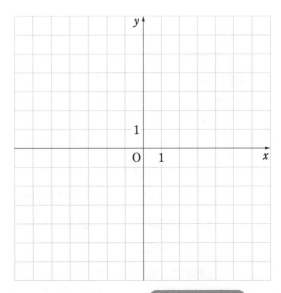

第**3**章

2次関数

# 29 $y=ax^2+q$ のグラフ

## 1 2次関数 $y=ax^2+q$

たとえば，2つの2次関数 $y=x^2$ と $y=x^2+3$ の値を比べると，次の表のようになります。

| $x$ | $\cdots$ | $-2$ | $-1$ | $0$ | $1$ | $2$ | $\cdots$ |
|---|---|---|---|---|---|---|---|
| $x^2$ | $\cdots$ | $4$ | $1$ | $0$ | $1$ | $4$ | $\cdots$ |
| $x^2+3$ | $\cdots$ | $7$ | $4$ | $3$ | $4$ | $7$ | $\cdots$ |

$+3$

この表から，関数の値とグラフについて，次のことがわかります。

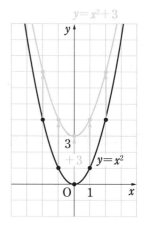

──── 関数の値 ────

同じ $x$ の値について，

$x^2+3$ の値は $x^2$ の値より

いつも 3 だけ大きい

⇩

──── グラフ ────

$y=x^2+3$ のグラフは，

$y=x^2$ のグラフを

$y$ 軸方向に 3 だけ平行移動 したもの

一般に，2次関数 $y=ax^2+q$ のグラフは，

$y=ax^2$ のグラフを $y$ 軸方向に $q$ だけ平行移動

したもので，頂点が点 $(0,\ q)$，軸が $y$ 軸の放物線になります。

---

**例題**

2次関数 $y=x^2-2$ のグラフをかき，頂点を答えなさい。

(解答) 2次関数 $y=x^2-2$ のグラフは，

$y=x^2$ のグラフを

$y$ 軸方向に $-2$ だけ平行移動

した放物線で，右の図の太線の

ようになる。 ←⬜1

頂点は 点 $(0,\ -2)$ ←⬜2

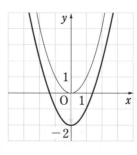

**考えかた**

⬜1 $y=x^2$ のグラフを $y$ 軸方向に $-2$ だけ平行移動した放物線をかく。

⬜2 頂点を求める。

**1** 次の空らんをうめなさい。

(1)  2次関数 $y=2x^2+3$ のグラフは，$y=2x^2$ のグラフを $y$ 軸方向に $\overset{\text{ア}}{\boxed{\phantom{0000}}}$ だけ平行移動した放物線で，頂点は　点 $\left(\overset{\text{イ}}{\boxed{\phantom{0000}}},\ \overset{\text{ウ}}{\boxed{\phantom{0000}}}\right)$

(2)  2次関数 $y=-2x^2-5$ のグラフは，$y=-2x^2$ のグラフを $y$ 軸方向に $\overset{\text{ア}}{\boxed{\phantom{0000}}}$ だけ平行移動した放物線で，頂点は　点 $\left(\overset{\text{イ}}{\boxed{\phantom{0000}}},\ \overset{\text{ウ}}{\boxed{\phantom{0000}}}\right)$

**2** 次の2次関数のグラフをかきなさい。また，頂点を答えなさい。

(1)  $y=2x^2+1$

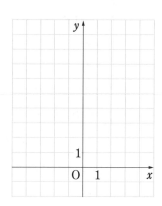

(2)  $y=-x^2-3$

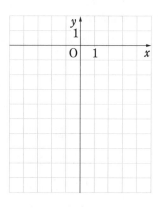

第**3**章

2次関数

# 30 $y=a(x-p)^2$ のグラフ

**1** 2 次関数 $y=a(x-p)^2$

たとえば，2 つの 2 次関数 $y=x^2$ と $y=(x-1)^2$ の値を比べると，次の表のようになります。

| $x$ | $\cdots$ | $-2$ | $-1$ | $0$ | $1$ | $2$ | $3$ | $\cdots$ |
|---|---|---|---|---|---|---|---|---|
| $x^2$ | $\cdots$ | $4$ | $1$ | $0$ | $1$ | $4$ | $9$ | $\cdots$ |
| $(x-1)^2$ | $\cdots$ | $9$ | $4$ | $1$ | $0$ | $1$ | $4$ | $\cdots$ |

この表から，関数の値とグラフについて，次のことがわかります。

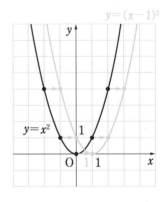

**┌── 関数の値 ──┐**

$(x-1)^2$ の段の値は，$x^2$ の段の値より，全体に 右へ 1 だけずれている

⇩

**┌── グラフ ──┐**

$y=(x-1)^2$ のグラフは，
$y=x^2$ のグラフを
$x$ 軸方向に 1 だけ平行移動 したもの

一般に，2 次関数 $y=a(x-p)^2$ のグラフは，

$\qquad y=ax^2$ のグラフを $x$ 軸方向に $p$ だけ平行移動

したもので，頂点が点 $(p,\ 0)$，軸が直線 $x=p$ の放物線になります。

---

📖 **例 題**

2 次関数 $y=(x+2)^2$ のグラフをかき，頂点と軸を答えなさい。

（解 答） 2 次関数 $y=(x+2)^2$ のグラフは，

$\qquad y=x^2$ のグラフを

$\qquad x$ 軸方向に $-2$ だけ平行移動

した放物線で，右の図の太線の

ようになる。 　　　←①

頂点は 点 $(-2,\ 0)$，

軸は 直線 $x=-2$ 　←②

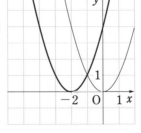

**考えかた**

① $y=x^2$ のグラフを $x$ 軸方向に $-2$ だけ平行移動した放物線をかく。

② 頂点と軸を求める。

## 練 習 問 題

**1** 次の空らんをうめなさい。

(1) 2次関数 $y=2(x-3)^2$ のグラフは，$y=2x^2$ のグラフを $x$ 軸方向に $^{ア}\boxed{\phantom{xx}}$ だけ平行移動した放物線で，

頂点は 点 $\left(^{イ}\boxed{\phantom{xx}}, {}^{ウ}\boxed{\phantom{xx}}\right)$，軸は 直線 $x={}^{エ}\boxed{\phantom{xx}}$

(2) 2次関数 $y=-2(x+4)^2$ のグラフは，$y=-2x^2$ のグラフを $x$ 軸方向に $^{ア}\boxed{\phantom{xx}}$ だけ平行移動した放物線で，

頂点は 点 $\left(^{イ}\boxed{\phantom{xx}}, {}^{ウ}\boxed{\phantom{xx}}\right)$，軸は 直線 $x={}^{エ}\boxed{\phantom{xx}}$

**2** 次の2次関数のグラフをかきなさい。また，頂点と軸を答えなさい。

(1) $y=2(x-1)^2$

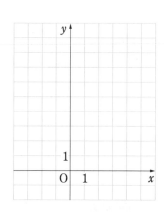

(2) $y=-(x+3)^2$

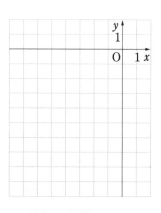

第**3**章

2次関数

# 31 $y=a(x-p)^2+q$ のグラフ

**1** 2 次関数 $y=a(x-p)^2+q$

たとえば，2 つの 2 次関数 $y=x^2$ と $y=(x-1)^2+3$ のグラフの関係は，次のようになります。

$$y=x^2 \xrightarrow[\text{だけ平行移動}]{x\,\text{軸方向に}\,1} y=(x-1)^2 \xrightarrow[\text{だけ平行移動}]{y\,\text{軸方向に}\,3} y=(x-1)^2+3$$

└─── $x$ 軸方向に 1，$y$ 軸方向に 3 だけ平行移動 ───┘

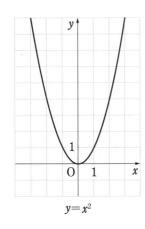

$y=x^2$

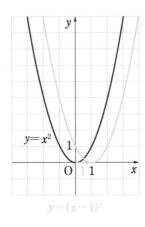

$y=(x-1)^2$

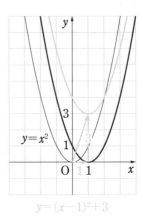

$y=(x-1)^2+3$

一般に，2 次関数 $y=a(x-p)^2+q$ のグラフは，

$y=ax^2$ のグラフを  $x$ 軸方向に $p$，$y$ 軸方向に $q$ だけ平行移動

したもので，頂点が点 $(p,\ q)$，軸が直線 $x=p$ の放物線になります。

---

📖 **例 題**

2 次関数 $y=-(x+2)^2+1$ のグラフをかき，頂点と軸を答えなさい。

（解 答）　2 次関数 $y=-(x+2)^2+1$ のグラフは，

$y=-x^2$ のグラフを

$x$ 軸方向に $-2$，$y$ 軸方向に 1

だけ平行移動した放物線で，右

の図の太線のようになる。 ←1

頂点は　点 $(-2,\ 1)$，

軸は　直線 $x=-2$

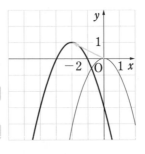

**考えかた**

1 $y=-x^2$ のグラフを $x$ 軸方向に $-2$，$y$ 軸方向に 1 だけ平行移動した放物線をかく。

2 頂点と軸を求める。

**1** 次の空らんをうめなさい。

2 次関数 $y=2(x-3)^2-1$ のグラフは,

$y=2x^2$ のグラフを

$x$ 軸方向に <sup>ア</sup>☐ ,  $y$ 軸方向に <sup>イ</sup>☐

だけ平行移動した放物線で,

頂点は 点 (<sup>ウ</sup>☐ , <sup>エ</sup>☐)   軸は 直線 $x=$ <sup>オ</sup>☐

POINT

$y=a(x-p)^2+q$ のグラフは,頂点 $(p, q)$ を原点とみて,$y=ax^2$ のグラフをかけばよい。

**2** 次の 2 次関数のグラフをかきなさい。また,頂点と軸を答えなさい。

(1)  $y=(x-2)^2+3$

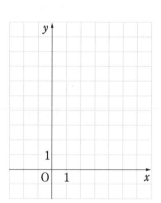

(2)  $y=-2(x+1)^2+4$

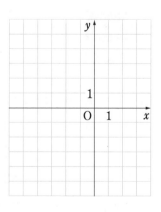

# 32 $y=ax^2+bx+c$ の変形

### 1 平方完成

$(x-1)^2+3$ を計算すると

$$(x-1)^2+3=(x^2-2x+1)+3$$
$$=x^2-2x+4$$

すなわち $x^2-2x+4=(x-1)^2+3$

2次関数 $y=x^2-2x+4$ は，その式を

$y=(x-1)^2+3$ ← $\begin{bmatrix} y=x^2 \text{ のグラフを，} \\ x \text{ 軸方向に } 1, \ y \text{ 軸方向に } 3 \\ \text{だけ平行移動した放物線} \end{bmatrix}$

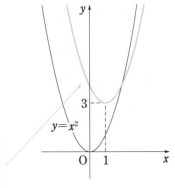

と変形することで，グラフをかくことができます。

このように，$x$ の2次式 $ax^2+bx+c$ を $a(x-p)^2+q$ の形に変形することを，平方完成するといいます。

たとえば，$x^2-2x+4$ を平方完成するには，$x^2-2x$ に着目して，次のように変形します。

$$x^2-2x+4$$
$$=x^2-2\times1x+1^2-1^2+4$$
$$=(x-1)^2+3$$

平方完成 $x$ の係数の半分の2乗を 足して 引く

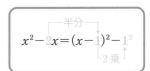

---

#### 例題

2次式 $2x^2+8x+5$ を平方完成しなさい。

解答 

$$2x^2+8x+5=2(x^2+4x)+5 \quad \leftarrow \boxed{1}$$
$$=2(x^2+4x+2^2-2^2)+5 \quad \leftarrow \boxed{2}$$
$$=2\{(x+2)^2-4\}+5$$
$$=2(x+2)^2-8+5 \quad \boxed{3}$$
$$=2(x+2)^2-3$$

考えかた

$\boxed{1}$ $x^2$ の係数 2 で $2x^2+8x$ をくくる。

$\boxed{2}$ $\boxed{1}$ で変形した式の $x$ の係数 4 の半分 2 の 2 乗を足して引く。

$\boxed{3}$ $a(x-p)^2+q$ の形の2次式に変形する。

## 練 習 問 題

**1** 次の空らんをうめて，2次式を平方完成しなさい。

(1) $x^2+6x = x^2+6x+$ <sup>ア</sup>$\boxed{\phantom{00}}^2-$ <sup>ア</sup>$\boxed{\phantom{00}}^2$

　　$= \left(x+\right.$ <sup>ア</sup>$\boxed{\phantom{00}}\left.\right)^2-$ <sup>イ</sup>$\boxed{\phantom{00}}$

**平方完成**
$a(x+\square)^2+\bigcirc$ の形の
2次式に変形する。

(2) $2x^2-4x+5 = 2\left(x^2-\right.$ <sup>ア</sup>$\boxed{\phantom{00}}\left.x\right)+5$

　　$= 2\left\{\left(x-\right.\right.$ <sup>イ</sup>$\boxed{\phantom{00}}\left.\right)^2-1^2\left.\right\}+5$

　　$= 2\left(x-\right.$ <sup>イ</sup>$\boxed{\phantom{00}}\left.\right)^2+$ <sup>ウ</sup>$\boxed{\phantom{00}}$

**2** 次の2次式を平方完成しなさい。

(1) $x^2-6x+3$

(2) $-3x^2+12x+6$

# 33 $y=ax^2+bx+c$ のグラフ

**1** **2次関数** $y=ax^2+bx+c$ **のグラフ**

2次関数 $y=ax^2+bx+c$ のグラフは，関数の式を

$y=a(x-p)^2+q$ の形に変形する

ことで，かくことができます。

1次関数と2次関数のグラフの特徴は，次のようにまとめられます。

| 1次関数 $y=ax+b$ | 2次関数 $y=a(x-p)^2+q$ |
|---|---|
| グラフは 直線<br>傾き $a$ と切片 $b$ で決まる | グラフは 放物線<br>開きぐあい $a$ と頂点 $(p, q)$ で決まる |
| $a>0$ 　　　　 $a<0$ | $a>0$ 　　　　 $a<0$ |
| 右上がり 　　 右下がり | 下に凸 　　 上に凸 |

📖 **例 題**

2次関数 $y=-2x^2+4x+3$ のグラフをかきなさい。また，頂点と軸を答えなさい。

解答

$-2x^2+4x+3$ 　　　　 ⬚1

$=-2(x^2-2x)+3$

$=-2(x^2-2x+1^2-1^2)+3$ 　　 ⬚2

$=-2\{(x-1)^2-1\}+3$

$=-2(x-1)^2+5$

よって，この関数のグラフ
は，右の図のような放物線
である。 ← ⬚3

また，頂点は 点 $(1, 5)$

　　　軸は 直線 $x=1$ ⬚4

**考えかた**

⬚1 $x^2$ の係数 $-2$ で
$-2x^2+4x$ をくくる。

⬚2 $a(x-p)^2+q$ の形の
2次式に変形する。

⬚3 ⬚2 の頂点 $(p, q)$ を原
点とみて，$y=ax^2$ のグラ
フをかく。

⬚4 頂点と軸を求める。

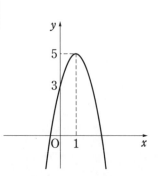

**1** 2次関数 $y=x^2-6x+7$ のグラフについて，次の空らんをうめなさい。

$x^2-6x+7$

$=x^2-6x+$ <sup>ア</sup>$\boxed{\phantom{xx}}$ $^2-$ <sup>ア</sup>$\boxed{\phantom{xx}}$ $^2+7$

$=\left(x-\right.$ <sup>ア</sup>$\boxed{\phantom{xx}}$ $\left.\right)^2-$ <sup>イ</sup>$\boxed{\phantom{xx}}$

よって，この関数のグラフは，右の図のような放物線

である。

また，頂点は　点$\left(\right.$ <sup>ウ</sup>$\boxed{\phantom{xx}}$ ，<sup>エ</sup>$\boxed{\phantom{xx}}$ $\left.\right)$

　　軸は　直線 $x=$ <sup>オ</sup>$\boxed{\phantom{xx}}$

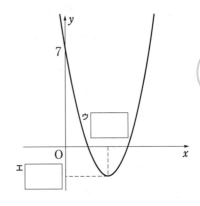

**2** 次の2次関数のグラフをかきなさい。また，頂点と軸を答えなさい。

(1) $y=x^2+2x-3$

(2) $y=-2x^2+8x-5$

# 34 2次関数の最大・最小 (1)

## 1 2次関数の最大値と最小値

右の図は，2次関数 $y=(x-1)^2+3$ のグラフです。
この関数の値の変化は，次のようになります。

[1] $x<1$ のとき

 $x$ の値が増加すると，$y$ の値は減少する。

[2] $x>1$ のとき

 $x$ の値が増加すると，$y$ の値は増加する。

[3] $x=1$ のとき

 $y=3$ となり，減少から増加に変わる。

関数のとる値に 最大の値があるとき，その値を関数の 最大値，

 最小の値があるとき，その値を関数の 最小値

といいます。

たとえば，上の例からわかるように，2次関数 $y=(x-1)^2+3$ は，$x=1$ で最小値3をとります。また，$y$ の値はいくらでも大きくなるので，最大値はありません。

2次関数の最大値と最小値について，次のことがいえます。

> **重要!** 2次関数 $y=a(x-p)^2+q$ は
>
> $a>0$ のとき，$x=p$ で最小値 $q$ をとる。最大値はない。
>
> $a<0$ のとき，$x=p$ で最大値 $q$ をとる。最小値はない。

**例題**

2次関数 $y=-x^2-4x+2$ の最大値，最小値を調べなさい。

(解答) 関数の式を変形すると

 $y=-(x+2)^2+6$ ← 1

この関数のグラフは，右の図
のようになる。 ← 2

したがって，$y$ は

 $x=-2$ で最大値6をとる。

また，最小値はない。 ← 3

**考えかた**

1 平方完成して
$y=a(x-p)^2+q$ の形に変形する。

2 グラフが上に凸か下に凸かに注目する。

3 グラフが上に凸の放物線であるとき，頂点で最大値をとり，最小値はない。

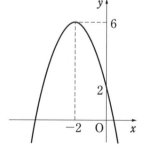

74

# 練 習 問 題

**1** 2 次関数 $y=(x-2)^2-5$ の最大値，最小値について，次の空らんをうめなさい。

この関数のグラフは，右の図のようになる。

したがって，$y$ は

$x=$ ⁀ア⁀ で最 ⁀イ⁀ 値 ⁀ウ⁀ をとる。

最 ⁀エ⁀ 値はない。

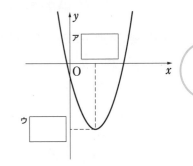

**2** 次の 2 次関数の最大値，最小値を調べなさい。

(1) $y=x^2+6x+10$

(2) $y=-2x^2+4x+1$

# 35 2次関数の最大・最小 (2)

## 1 定義域に制限のある2次関数の最大・最小

定義域に制限のある2次関数では，グラフの頂点と定義域の端の値に注目して，最大値・最小値を調べます。

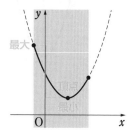 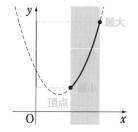

定義域の端と頂点で
最大値・最小値をとる

定義域の両端で
最大値・最小値をとる

POINT

2次関数は頂点で最大値や最小値をとるとは限らない。

### 例題

**次の関数の最大値，最小値を求めなさい。**

(1) $y=x^2-4x+3$ $(0\leq x\leq 3)$

(2) $y=-x^2-4x+1$ $(-1\leq x\leq 1)$

解答 (1) 関数の式を変形すると

$$y=(x-2)^2-1 \quad ←\boxed{1}$$

$0\leq x\leq 3$ におけるグラフは，右の図の実線部分である。$\boxed{2}$

したがって，$y$ は

$x=0$ で最大値 3 をとり，

$x=2$ で最小値 $-1$ をとる。 $←\boxed{3}$

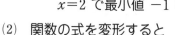

(2) 関数の式を変形すると

$$y=-(x+2)^2+5 \quad ←\boxed{1}$$

$-1\leq x\leq 1$ におけるグラフは，右の図の実線部分である。 $←\boxed{2}$

したがって，$y$ は

$x=-1$ で最大値 4 をとり，

$x=1$ で最小値 $-4$ をとる。 $←\boxed{3}$

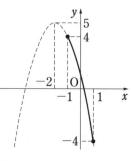

### 考えかた

$\boxed{1}$ $y=a(x-p)^2+q$ の形に変形する。

$\boxed{2}$ 定義域の範囲でグラフをかく。

$\boxed{3}$ 頂点の $y$ 座標，定義域の端での $y$ の値を比較して，最大値・最小値を求める。

## 練 習 問 題

**1** 関数 $y=x^2-2x$ の最大値，最小値について，次の空らんをうめなさい。

$y=x^2-2x$ を変形すると　　　$y=(x-1)^2-1$

(1) 関数 $y=x^2-2x$ $(-1 \leqq x \leqq 2)$ は

$x=$ <sup>ア</sup>□ で最大値 <sup>イ</sup>□ をとり，

$x=$ <sup>ウ</sup>□ で最小値 <sup>エ</sup>□ をとる。

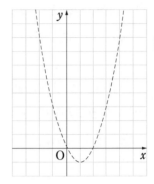

(2) 関数 $y=x^2-2x$ $(2 \leqq x \leqq 4)$ は

$x=$ <sup>ア</sup>□ で最大値 <sup>イ</sup>□ をとり，

$x=$ <sup>ウ</sup>□ で最小値 <sup>エ</sup>□ をとる。

**2** 次の関数の最大値，最小値を求めなさい。

(1) $y=-x^2+6x-2$ $(2 \leqq x \leqq 5)$

(2) $y=2x^2+8x+6$ $(-1 \leqq x \leqq 1)$

# 36　2次関数の決定

## 1　2次関数の決定

**[1]　頂点や軸とグラフが通る点から求める場合**

求める 2 次関数を　　$y=a(x-\square)^2+\bigcirc$　　←頂点が点 ($\square$, $\bigcirc$)

$y=a(x-\square)^2+q$　　←軸が直線 $x=\square$

とおき，グラフが通る点の座標を代入します。

**[2]　グラフが通る 3 点から求める場合**

求める 2 次関数を　　$y=ax^2+bx+c$

とおき，グラフが通る 3 点の座標を代入します。

### 例題

次の条件を満たす放物線をグラフにもつ 2 次関数を求めなさい。
(1)　頂点が点 (1, 5) で，点 (3, −3) を通る。
(2)　3 点 (−1, 1)，(0, −1)，(1, 3) を通る。

**解答**　(1)　頂点が点 (1, 5) であるから，

この 2 次関数は次の形で表される。

$y=a(x-1)^2+5$　　←**1**

グラフが点 (3, −3) を通るから

$-3=a(3-1)^2+5$　　←**2**

$a=-2$

よって　　$y=-2(x-1)^2+5$

(2)　求める 2 次関数を $y=ax^2+bx+c$ とする。　←**1**

グラフが 3 点 (−1, 1)，

(0, −1)，(1, 3) を通るから

$$\begin{cases} 1=a-b+c & \cdots\cdots ① \\ -1=c & \cdots\cdots ② \\ 3=a+b+c & \cdots\cdots ③ \end{cases}$$　**2**

①，② から　　$a-b=2$　…④

②，③ から　　$a+b=4$　…⑤

④，⑤ を解くと　　$a=3$, $b=1$

よって　　$y=3x^2+x-1$

**考えかた**

**1** 条件に応じて，求める
2 次関数の式を決める。

**2** 条件の通りに，方程式
を解く。

## 練 習 問 題

**1** 次の空らんをうめて，軸が直線 $x=2$ で，2点 $(-1, 12)$，$(3, 4)$ を通るような放物線をグラフにもつ2次関数を求めなさい。

軸が直線 $x=2$ であるから，この2次関数は $y=a(x-2)^2+q$ と表される。

点 $(-1, 12)$ を通るから　　ア$\boxed{\phantom{xx}}=a\left(\,^{イ}\boxed{\phantom{xx}}-2\right)^2+q$

点 $(3, 4)$ を通るから　　ウ$\boxed{\phantom{xx}}=a\left(\,^{エ}\boxed{\phantom{xx}}-2\right)^2+q$

よって　　　　　$9a+q=12,\ a+q=4$

これを解くと　　$a=1,\ q=\,^{オ}\boxed{\phantom{xx}}$

したがって　　$y=(x-2)^2+\,^{オ}\boxed{\phantom{xx}}$

**2** 次の条件を満たす放物線をグラフにもつ2次関数を求めなさい。

(1) 頂点が点 $(-1, 4)$ で，点 $(2, -5)$ を通る。

(2) 3点 $(-1, 5)$，$(0, 4)$，$(-2, 10)$ を通る。

# 37 2次方程式

## 1 因数分解を使う解き方

$x^2-3x+2=0$ のように，$x$ の2次式で表された方程式を，$x$ の **2次方程式** といいます。

2次方程式を解くには，まず2次式の因数分解を考えます。

たとえば，2次方程式 $x^2-3x+2=0$ は，左辺を因数分解すると

$$(x-1)(x-2)=0$$

よって　　　$x-1=0$　または　$x-2=0$

したがって，2次方程式 $x^2-3x+2=0$ の解は $x=1$，$2$ になります。

## 2 2次方程式の解の公式

2次式が因数分解できないときは，次の **解の公式** を利用します。

> **重要！**　2次方程式 $ax^2+bx+c=0$ は，$b^2-4ac\geqq0$ のとき実数の解をもち，その解は
>
> $$x=\frac{-b\pm\sqrt{b^2-4ac}}{2a}$$

**注**　2乗して負になる実数はないため，負の数の平方根は実数の範囲には存在しません。

　　　よって，$b^2-4ac<0$ のとき，2次方程式 $ax^2+bx+c=0$ は実数の解をもちません。

### 例題

次の2次方程式を解きなさい。

(1)　$2x^2-5x-3=0$ 　　　　　　　(2)　$5x^2+8x+2=0$

**解答**　(1)　左辺を因数分解すると　$(x-3)(2x+1)=0$ 　　　**1**

　　　　　　　したがって，解は　　　$x=3$，$-\dfrac{1}{2}$

　　　　　(2)　解の公式により

$$x=\frac{-8\pm\sqrt{8^2-4\cdot5\cdot2}}{2\cdot5}=\frac{-8\pm\sqrt{24}}{10}$$

$$=\frac{-8\pm2\sqrt{6}}{10}=\frac{-4\pm\sqrt{6}}{5}$$

**考えかた**

**1** 因数分解できるものは
「$AB=0$ ならば
　$A=0$ または $B=0$」

**2** 因数分解できないものは，解の公式を利用。

## 練　習　問　題

**1** 次の空らんをうめて，2次方程式 $x^2-2x-4=0$ を解きなさい。

解の公式により

$$x=\frac{-\left(^{\text{ア}}\boxed{\phantom{xx}}\right)\pm\sqrt{\left(^{\text{ア}}\boxed{\phantom{xx}}\right)^2-4\cdot1\cdot\left(^{\text{イ}}\boxed{\phantom{xx}}\right)}}{2\cdot1}$$

$$=\frac{2\pm\sqrt{^{\text{ウ}}\boxed{\phantom{xx}}}}{2}=\frac{2\pm2\sqrt{^{\text{エ}}\boxed{\phantom{xx}}}}{2}$$

$$=^{\text{オ}}\boxed{\phantom{xxxxx}}$$

**2** 次の2次方程式を解きなさい。

(1)　$x^2-4x-12=0$

(2)　$6x^2+x-2=0$

(3)　$x^2+3x+1=0$

(4)　$3x^2-4x-2=0$

# 38 2次方程式の実数解の個数

## 1 2次方程式の実数解の個数

方程式の実数の解を 実数解 といいます。

2次方程式 $ax^2+bx+c=0$ について，解の公式における根号内の式 $b^2-4ac$ を 判別式 といい，ふつう$D$で表します。

2次方程式 $ax^2+bx+c=0$ の実数解とその個数は，判別式 $D=b^2-4ac$ の符号によって，次のようにまとめられます。

$ax^2+bx+c=0$ の解
$$x=\frac{-b\pm\sqrt{b^2-4ac}}{2a}$$
判別式

| $D=b^2-4ac$ | $D>0$ | $D=0$ | $D<0$ |
|---|---|---|---|
| 実数解 | $x=\frac{-b\pm\sqrt{b^2-4ac}}{2a}$<br>異なる2つの実数解 | $x=-\frac{b}{2a}$<br>ただ1つの実数解（重解） | 実数解はない |
| 実数解の個数 | 2個 | 1個 | 0個 |

$D=0$ の場合，ただ1つの実数解を 重解 といいます。

例 (1) 2次方程式 $3x^2-5x+1=0$ の実数解の個数は
$D=(-5)^2-4\cdot3\cdot1=13>0$ より2個　← $D=b^2-4ac$　$a=3,\ b=-5,\ c=1$

(2) 2次方程式 $25x^2+30x+9=0$ の実数解の個数は
$D=30^2-4\cdot25\cdot9=0$ より1個　← $D=b^2-4ac$　$a=25,\ b=30,\ c=9$

(3) 2次方程式 $2x^2-3x+2=0$ の実数解の個数は
$D=(-3)^2-4\cdot2\cdot2=-7<0$ より0個　← $D=b^2-4ac$　$a=2,\ b=-3,\ c=2$

### 例題

2次方程式 $x^2+6x-m=0$ が異なる2つの実数解をもつとき，定数$m$の値の範囲を求めなさい。

解答　2次方程式 $x^2+6x-m=0$ の判別式を$D$とすると
$D=6^2-4\cdot1\cdot(-m)=36+4m$　←①
2次方程式が異なる2つの実数解をもつのは $D>0$ のときであるから
$36+4m>0$　←②
これを解いて　$m>-9$

考えかた

① 2次方程式の実数解の個数は，判別式$D$の符号で考える。

② $D>0$ によって得られる$m$の方程式を解く。

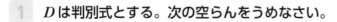

## 練 習 問 題

**1** $D$ は判別式とする。次の空らんをうめなさい。

(1) 2 次方程式 $5x^2-7x+2=0$ の実数解の個数は

$$D=(-7)^2-4\cdot5\cdot2=\overset{ア}{\boxed{\phantom{00}}}>0 \text{ より}$$

$$\overset{イ}{\boxed{\phantom{00}}} \text{個}$$

**判別式**

2 次方程式 $ax^2+bx+c=0$

の判別式は　$D=b^2-4ac$

第**3**章

2次関数

(2) 2 次方程式 $16x^2-8x+1=0$ の実数解の個数は

$$D=\left(\overset{ア}{\boxed{\phantom{00}}}\right)^2-4\cdot\overset{イ}{\boxed{\phantom{00}}}\cdot1=0 \text{ より} \quad \overset{ウ}{\boxed{\phantom{00}}} \text{個}$$

(3) 2 次方程式 $3x^2+3x+1=0$ の実数解の個数は

$$D=\overset{ア}{\boxed{\phantom{00}}}^2-4\cdot3\cdot1=\overset{イ}{\boxed{\phantom{00}}}<0 \text{ より} \quad \overset{ウ}{\boxed{\phantom{00}}} \text{個}$$

**2** 2 次方程式 $x^2+8x+m=0$ について，次の問いに答えなさい。

(1) 異なる 2 つの実数解をもつとき，定数 $m$ の値の範囲を求めなさい。

(2) 重解をもつとき，定数 $m$ の値を求めなさい。

# 39 2次関数のグラフと$x$軸の共有点

## 1 2次関数のグラフと$x$軸の共有点

たとえば，2次関数 [1] $y=x^2-4x+3$　[2] $y=x^2-4x+4$　[3] $y=x^2-4x+5$ のグラフと$x$軸の位置関係は，それぞれ次の図のようになります。

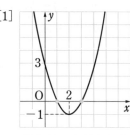
[1] 異なる2点で交わる

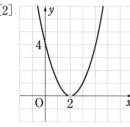
[2] 1点だけを共有する

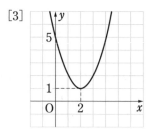
[3] 共有点がない

[1]，[2] の場合，2次関数のグラフと$x$軸の共有点の$x$座標は，それぞれ2次方程式 $x^2-4x+3=0$，$x^2-4x+4=0$ の実数解になっています。

[2] の場合のように，2次関数のグラフと$x$軸の共有点がただ1つのとき，グラフは$x$軸に 接する といい，その共有点を$x$軸との 接点 といいます。

また，[3] の場合，2次方程式 $x^2-4x+5=0$ には実数解がありません。

一般に，2次関数 $y=ax^2+bx+c$ のグラフと$x$軸の共有点の個数は，2次方程式 $ax^2+bx+c=0$ の判別式 $D=b^2-4ac$ の符号によって，次のように決まります。

**重要!**　[1]　$D>0$　$\Longleftrightarrow$　異なる2点で交わる　← 2次方程式は異なる2つの実数解をもつ

　　　　　[2]　$D=0$　$\Longleftrightarrow$　1点だけを共有する　← 2次方程式はただ1つの実数解をもつ

　　　　　[3]　$D<0$　$\Longleftrightarrow$　共有点をもたない　← 2次方程式は実数解をもたない

---

**例題**

2次関数 $y=2x^2+4x+m$ のグラフが$x$軸と接するとき，定数$m$の値を求めなさい。

**解答**　2次方程式 $2x^2+4x+m=0$ の判別式を$D$とすると

$$D=4^2-4\cdot2\cdot m=16-8m \quad ←\boxed{1}$$

グラフが$x$軸と接するのは $D=0$ のときであるから

$$16-8m=0 \quad ←\boxed{2}$$

したがって　　　　　　　$m=2$

**考えかた**

$\boxed{1}$ 2次関数のグラフと$x$軸の位置関係は，判別式$D$の符号で考える。

$\boxed{2}$ $D=0$ によって得られる$m$の方程式を解く。

## 練 習 問 題

**1** 次の空らんをうめなさい。

(1) 2次関数 $y=x^2-3x+1$ のグラフと $x$ 軸の共有点

　　2次方程式 $x^2-3x+1=0$ の判別式を $D$ とすると 　　$D=\overset{ア}{\boxed{\phantom{000}}}>0$

　　よって，共有点の個数は 　$\overset{イ}{\boxed{\phantom{000}}}$ 個

(2) 2次関数 $y=9x^2-6x+1$ のグラフと $x$ 軸の共有点

　　2次方程式 $9x^2-6x+1=0$ の判別式を $D$ とすると 　　$D=\overset{ア}{\boxed{\phantom{000}}}$

　　よって，共有点の個数は 　$\overset{イ}{\boxed{\phantom{000}}}$ 個

(3) 2次関数 $y=2x^2+3x+2$ のグラフと $x$ 軸の共有点

　　2次方程式 $2x^2+3x+2=0$ の判別式を $D$ とすると 　　$D=\overset{ア}{\boxed{\phantom{000}}}<0$

　　よって，共有点の個数は 　$\overset{イ}{\boxed{\phantom{000}}}$ 個

**2** 2次関数 $y=-x^2+2x+m$ のグラフと $x$ 軸の位置関係について，次の問いに答えなさい。

(1) $x$ 軸と異なる2点で交わるとき，定数 $m$ の値の範囲を求めなさい。

(2) $x$ 軸と共有点をもたないとき，定数 $m$ の値の範囲を求めなさい。

# 40 2次不等式(1)

## 1 2次関数のグラフと2次不等式

$x^2-4x+3>0$ のように，左辺が $x$ の2次式になる不等式を **2次不等式** といいます。

2次不等式は，2次関数のグラフを利用して解くことができます。

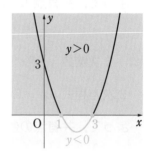

2次関数 $y=x^2-4x+3$ のグラフは右の図のようになり，

$x$ 軸と2点 $(1, 0)$, $(3, 0)$ で交わります。

このグラフから，次のことがわかります。

$\qquad$ $y>0$ となる $x$ の値の範囲は $\qquad$ $x<1,\ 3<x$

$\qquad$ $y<0$ となる $x$ の値の範囲は $\qquad$ $1<x<3$

これは，2次不等式の解について，次のことを意味しています。

$\qquad$ 2次不等式 $x^2-4x+3>0$ の解は $\qquad$ $x<1,\ 3<x$

$\qquad$ 2次不等式 $x^2-4x+3<0$ の解は $\qquad$ $1<x<3$

---

**例題**

次の2次不等式を解きなさい。

(1) $x^2-2x-4<0$ $\qquad\qquad$ (2) $x^2+x-6\geqq0$

---

(解答)　(1)　2次方程式 $x^2-2x-4=0$ を解くと　←①

$\qquad\qquad x=1\pm\sqrt{5}$

$\qquad$ 2次関数 $y=x^2-2x-4$

$\qquad$ のグラフで，$y<0$ となる

$\qquad$ $x$ の値の範囲を求めると，

$\qquad$ 2次不等式の解は

$\qquad\qquad 1-\sqrt{5}<x<1+\sqrt{5}$

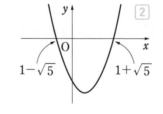

(2)　2次方程式 $x^2+x-6=0$ を解くと　←①

$\qquad\qquad x=-3,\ 2$

$\qquad$ 2次関数 $y=x^2+x-6$ の

$\qquad$ グラフで，$y\geqq0$ となる $x$

$\qquad$ の値の範囲を求めると，

$\qquad$ 2次不等式の解は

$\qquad\qquad x\leqq-3,\ 2\leqq x$

**考えかた**

① 因数分解，または解の公式を用いて，(左辺)=0 とした方程式を解く。

② $x$ 軸との共有点をもとにグラフをかき，不等式の解を求める。

**1** 次の空らんをうめなさい。

(1) 2 次不等式 $(x+2)(x-3)>0$ の解は

$$x<{}^{\mathcal{P}}\boxed{\phantom{00}},\quad{}^{\mathcal{A}}\boxed{\phantom{00}}<x$$

(2) 2 次不等式 $(x+1)(x+5)<0$ の解は

$${}^{\mathcal{P}}\boxed{\phantom{00}}<x<{}^{\mathcal{A}}\boxed{\phantom{00}}$$

POINT

**2 次不等式の解**

$a>0$ で 2 次関数 $y=ax^2+bx+c$ のグラフが $x$ 軸と異なる 2 点で交わるとする。その交点の $x$ 座標が $\alpha$, $\beta$ $(\alpha<\beta)$ のとき

$ax^2+bx+c>0$ の解は

$x<\alpha,\ \beta<x$

$ax^2+bx+c<0$ の解は

$\alpha<x<\beta$

**2** 次の 2 次不等式を解きなさい。

(1) $x^2-2x-8>0$

(2) $x^2-3x<0$

(3) $2x^2-3x+1\leqq0$

(4) $x^2-4x-4\geqq0$

第**3**章　2次関数

# 41 **2次不等式(2)**

## 1 グラフが $x$ 軸と接する場合

たとえば，2次関数 $y=x^2-4x+4$ のグラフは，$x$ 軸と点 $(2, 0)$
で接します。このグラフから，次のことがわかります。

$x^2-4x+4>0$ の解は　2以外のすべての実数

$x^2-4x+4<0$ の解は　ない

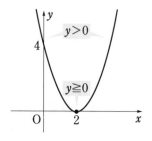

## 2 グラフが $x$ 軸と共有点をもたない場合

たとえば，2次関数 $y=x^2-4x+5$ のグラフは，$x$ 軸より上側に
あります。このグラフから，次のことがわかります。

$x^2-4x+5>0$ の解は　すべての実数

$x^2-4x+5<0$ の解は　ない

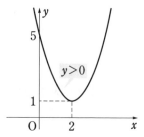

---

### 例題

次の2次不等式を解きなさい。

(1) $x^2+6x+9\leqq0$　　　　　　(2) $2x^2-4x+5\geqq0$

（解答）

(1) $x^2+6x+9=(x+3)^2$ 　①

であるから，2次関数
$y=x^2+6x+9$ のグラフは，
右の図のように $x$ 軸と点
$(-3, 0)$ で接する。　←②

よって，$y\leqq0$ となる $x$ の値の範囲を求めると，2
次不等式の解は　　　$x=-3$

(2) 2次方程式 $2x^2-4x+5=0$ の判別式を $D$ とすると

$D=(-4)^2-4\cdot2\cdot5=-24$　←①

$D<0$ であるから，2次方程
式の実数解は　ない

$x^2$ の係数が正であるから，こ
の2次不等式の解は　←②

すべての実数

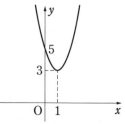

**考えかた**

① 左辺を平方完成するか，
不等号を等号におき換えた
2次方程式
$ax^2+bx+c=0$ の判別式
$D=b^2-4ac$ を求める。

② 2次関数
$y=ax^2+bx+c$ のグラフ
と $x$ 軸の位置関係を利用し
て，不等式の解を求める。

(2)
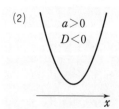

$a>0$
$D<0$

# 練 習 問 題

**1** 次の空らんをうめなさい。

(1)　2次方程式 $x^2-8x+16=0$ を解くと　$x=$<sup>ア</sup>

2次不等式 $x^2-8x+16>0$ の解は　<sup>イ</sup>

2次不等式 $x^2-8x+16<0$ の解は　<sup>ウ</sup>

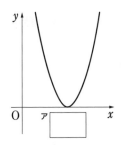

(2)　2次方程式 $x^2+2x+2=0$ の実数解は　<sup>ア</sup>

2次不等式 $x^2+2x+2>0$ の解は　<sup>イ</sup>

2次不等式 $x^2+2x+2<0$ の解は　<sup>ウ</sup>

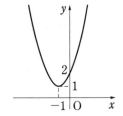

**2** 次の2次不等式を解きなさい。

(1)　$x^2-6x+9>0$

(2)　$4x^2+4x+1\leqq0$

(3)　$x^2-4x+7<0$

(4)　$2x^2+4x+7\geqq0$

第 **3** 章
2次関数

# 確 認 テ ス ト

**1** 2 次関数 $y=-2x^2+12x-9$ のグラフをかきなさい。また，頂点と軸を答えなさい。

**2** 次の関数の最大値，最小値を求めなさい。

(1)  $y=x^2+2x$ $(-2\leqq x\leqq 2)$

(2)  $y=-\dfrac{1}{2}x^2+2x+3$ $(-3\leqq x\leqq 1)$

**3** $x=1$ で最小値 $y=2$ をとり，グラフが点 $(3,\ 6)$ を通るような 2 次関数を求めなさい。

**4** 次の2次方程式の実数解の個数を答えなさい。

(1)　$2x^2-6x+5=0$

(2)　$3x^2+7x+3=0$

**5**　2次関数 $y=-3x^2+6x+m$ のグラフが，$x$軸と異なる2点で交わるとき，定数$m$の値の範囲を求めなさい。

**6** 次の2次不等式を解きなさい。

(1)　$2x^2+3x-5\leqq0$

(2)　$2x^2-2x+\dfrac{1}{2}>0$

# 42 三角比

## 1 正弦・余弦・正接

直角二等辺三角形の 3 辺の比は，その大きさに関係なく，
$1 : 1 : \sqrt{2}$ です。

したがって，∠C＝90° である直角二等辺三角形 ABC が
どんな大きさであっても，次のことが成り立ちます。

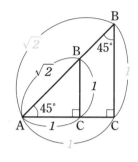

$$\frac{\mathrm{BC}}{\mathrm{AB}}=\frac{1}{\sqrt{2}}, \quad \frac{\mathrm{AC}}{\mathrm{AB}}=\frac{1}{\sqrt{2}}, \quad \frac{\mathrm{BC}}{\mathrm{AC}}=1$$

同じように，∠C＝90° である直角三角形 ABC において，

$$\frac{\mathrm{BC}}{\mathrm{AB}}, \quad \frac{\mathrm{AC}}{\mathrm{AB}}, \quad \frac{\mathrm{BC}}{\mathrm{AC}}$$

の値は，△ABC の大きさに関係なく ∠A の
大きさ $A$ だけで決まります。

このとき，これらの辺の比について

$\dfrac{\mathrm{BC}}{\mathrm{AB}}$ の値を $A$ の サイン（正弦）

$\dfrac{\mathrm{AC}}{\mathrm{AB}}$ の値を $A$ の コサイン（余弦）

$\dfrac{\mathrm{BC}}{\mathrm{AC}}$ の値を $A$ の タンジェント（正接）

とよび，それぞれ $\sin A$, $\cos A$, $\tan A$ と
書きます。

サイン，コサイン，タンジェントをまとめて
三角比 といいます。

> **重要!** **三角比の定義**
>
> $$\sin A=\frac{\mathrm{BC}}{\mathrm{AB}}=\frac{a}{c}$$
>
> $$\cos A=\frac{\mathrm{AC}}{\mathrm{AB}}=\frac{b}{c}$$
>
> $$\tan A=\frac{\mathrm{BC}}{\mathrm{AC}}=\frac{a}{b}$$

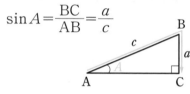

---

📖 **例題**

右の図の直角三角形において，
$$\sin A, \ \cos A, \ \tan A$$
の値を求めなさい。

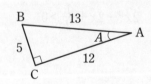

解答　$\sin A \overset{1}{=} \dfrac{\mathrm{BC}}{\mathrm{AB}}=\dfrac{5}{13}, \quad \cos A \overset{1}{=} \dfrac{\mathrm{AC}}{\mathrm{AB}}=\dfrac{12}{13},$

$\tan A \overset{1}{=} \dfrac{\mathrm{BC}}{\mathrm{AC}}=\dfrac{5}{12}$

**考えかた**

1 三角比の定義から求める。

**1** 次の空らんをうめなさい。

(1) 右の図の直角三角形 ABC において

$$\sin A = \boxed{\phantom{アアア}}^{ア}$$

$$\cos A = \boxed{\phantom{イイイ}}^{イ}$$

$$\tan A = \boxed{\phantom{ウウウ}}^{ウ}$$

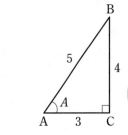

(2) $\sin 30° = \boxed{\phantom{アアア}}^{ア}$

$\cos 30° = \boxed{\phantom{イイイ}}^{イ}$

$\tan 30° = \boxed{\phantom{ウウウ}}^{ウ}$

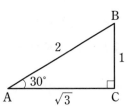

**2** 次の図の直角三角形において，それぞれ $\sin A$，$\cos A$，$\tan A$ の値を求めなさい。

(1)

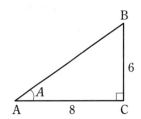

(2)

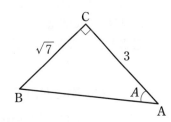

第 **4** 章

図形と計量

# 43 三角比の利用

## 1 三角比の表

別冊の巻末には，$0°$ から $90°$ までの三角比の値を，表にまとめています。右の表はその一部です。

この表から，たとえば，

$$\sin 3° = 0.0523$$

$$\cos 3° = 0.9986$$

$$\tan 3° = 0.0524$$

| 角 | sin | cos | tan |
|----|------|------|------|
| 0° | 0.0000 | 1.0000 | 0.0000 |
| 1° | 0.0175 | 0.9998 | 0.0175 |
| 2° | 0.0349 | 0.9994 | 0.0349 |
| 3° | 0.0523 | 0.9986 | 0.0524 |
| 4° | 0.0698 | 0.9976 | 0.0699 |
| 5° | 0.0872 | 0.9962 | 0.0875 |
| 6° | 0.1045 | 0.9945 | 0.1051 |

3° の三角比の値 →

であることがわかります。

また，この表から，$\sin A = 0.0872$ を満たす鋭角 $A$ の大きさは $5°$ であることもわかります。

## 2 三角比の利用

右の図の直角三角形 ABC において，

$$\sin A = \frac{a}{c}, \quad \cos A = \frac{b}{c}, \quad \tan A = \frac{a}{b}$$

であることから，次の式が成り立ちます。

$$a = c\sin A, \quad b = c\cos A, \quad a = b\tan A$$

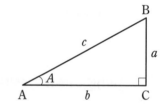

直角三角形の 1 つの鋭角の大きさと 1 辺の長さがわかっている場合，三角比を用いて，他の辺の長さを求めることができます。

---

**例 題**

山のふもとの A 駅と山頂の B 駅は，まっすぐなケーブルカーで結ばれていて，その路線の全長は 1000 m，傾斜角は $20°$ である。

このとき，A 駅と B 駅の標高差 BC を求めなさい。

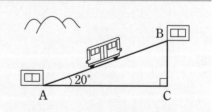

**解答**　右の図において　←①

$$\begin{aligned}
\text{BC} &= \text{AB}\sin 20° \quad ←② \\
&= 1000 \times 0.3420 \\
&= 342
\end{aligned}$$

したがって　**342 m**

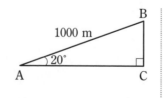

**考えかた**

① 与えられた値を，三角形の辺や角としてとらえて，図をかく。

② 三角比を利用する。

## 練 習 問 題

**1** 別冊巻末の三角比の表を利用して，次の空らんをうめなさい。

ただし，(2) では $0°\leqq A \leqq 90°$ とします。

(1) $\sin 40° = $ <sup>ア</sup>☐ ， $\cos 25° = $ <sup>イ</sup>☐ ， $\tan 68° = $ <sup>ウ</sup>☐

(2) $\sin A = 0.2756$ を満たす角 $A$ の大きさは $A = $ <sup>ア</sup>☐

$\cos A = 0.4384$ を満たす角 $A$ の大きさは $A = $ <sup>イ</sup>☐

$\tan A = 1.1918$ を満たす角 $A$ の大きさは $A = $ <sup>ウ</sup>☐

**2** 校舎から 20 m 離れた地点から校舎の屋上の先端を見上げる角を測ったところ，その大きさは 35° になった。

目の高さを 1.6 m とするとき，校舎の高さはおよそ何m ですか。

小数第 2 位を四捨五入して答えなさい。

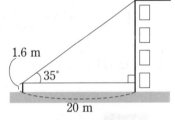

1.6 m

35°

20 m

**HINT**

まず，目の高さから校舎の屋上までの高さを求める。

# 44 三角比の相互関係

## 1 三角比の相互関係

$AB=1$, $\angle C=90°$ の直角三角形 ABC において

$$BC=AB\sin A=\sin A$$
$$AC=AB\cos A=\cos A$$

この等式から，$\sin A$, $\cos A$, $\tan A$ の間には，次の関係があることがわかります。

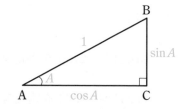

**重要！**

**1** $\tan A=\dfrac{\sin A}{\cos A}$      $\leftarrow \tan A=\dfrac{BC}{AC}$

**2** $\sin^2 A+\cos^2 A=1$      $\leftarrow BC^2+AC^2=AB^2$

**3** $1+\tan^2 A=\dfrac{1}{\cos^2 A}$      $\leftarrow$ **2** の等式の両辺を $\cos^2 A$ で割る

**注** $(\sin A)^2$, $(\cos A)^2$, $(\tan A)^2$ を，それぞれ $\sin^2 A$, $\cos^2 A$, $\tan^2 A$ と表します。

 **例題**

**$A$ は鋭角とする。このとき，次の値を求めなさい。**

(1) $\cos A=\dfrac{4}{5}$ のとき，$\sin A$, $\tan A$ の値

(2) $\tan A=2$ のとき，$\cos A$ の値

**解答** (1) $\sin^2 A+\cos^2 A=1$ から   $\leftarrow$ 1

$$\sin^2 A=1-\cos^2 A=1-\left(\dfrac{4}{5}\right)^2=\dfrac{9}{25}$$

$\sin A>0$ であるから    $\sin A=\sqrt{\dfrac{9}{25}}=\dfrac{3}{5}$

また    $\tan A=\dfrac{\sin A}{\cos A}=\dfrac{3}{5}\div\dfrac{4}{5}=\dfrac{3}{4}$   $\leftarrow$ 1

(2) $1+\tan^2 A=\dfrac{1}{\cos^2 A}$ から   $\leftarrow$ 1

$$\dfrac{1}{\cos^2 A}=1+2^2=5 \quad\text{よって}\quad \cos^2 A=\dfrac{1}{5}$$

$\cos A>0$ であるから    $\cos A=\sqrt{\dfrac{1}{5}}=\dfrac{1}{\sqrt{5}}$

**考えかた**

1 三角比の相互関係 **1**～**3** を利用して求める。

(1)

(2)
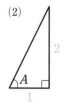

# 練 習 問 題

**1** $A$ は鋭角で，$\sin A = \dfrac{3}{4}$ とするとき，次の空らんをうめなさい。

$\sin^2 A + \cos^2 A = 1$ から

$$\cos^2 A = 1 - \sin^2 A = 1 - \left(\overset{\text{ア}}{\boxed{\phantom{aa}}}\right)^2 = \overset{\text{イ}}{\boxed{\phantom{aaa}}}$$

$\cos A > 0$ であるから $\quad \cos A = \sqrt{\overset{\text{イ}}{\boxed{\phantom{aa}}}} = \overset{\text{ウ}}{\boxed{\phantom{aa}}}$

また $\quad \tan A = \dfrac{\sin A}{\cos A} = \dfrac{3}{4} \div \overset{\text{ウ}}{\boxed{\phantom{aa}}} = \overset{\text{エ}}{\boxed{\phantom{aa}}}$

POINT

**三角比の相互関係 1〜3**

$\tan A = \dfrac{\sin A}{\cos A}$

$\sin^2 A + \cos^2 A = 1$

$1 + \tan^2 A = \dfrac{1}{\cos^2 A}$

第 **4** 章

図形と計量

**2** $A$ は鋭角とする。$\tan A = 2\sqrt{2}$ のとき，次の値を求めなさい。

(1) $\cos A$

(2) $\sin A$

### ✓ COLUMN　$90° - A$ の三角比

右の図において，次のことが成り立ちます。

$$\sin A = \dfrac{a}{c}, \quad \sin(90° - A) = \dfrac{b}{c}$$

$$\cos A = \dfrac{b}{c}, \quad \cos(90° - A) = \dfrac{a}{c}$$

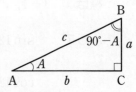

これらの等式から，sin と cos の間に成り立つ次の関係式が得られます。

$$\sin(90° - A) = \cos A, \quad \cos(90° - A) = \sin A$$

# 45 180°−θ の三角比

## 1 鈍角の三角比

右の図のように，原点 O を中心とする半径 $r$ の半円の
上に点 $P(x, y)$ をとります。

$\angle\text{AOP}=\overset{\text{シータ}}{\theta}$ とすると，$0°<\theta<90°$ のとき，$\theta$ の三角比
は次のようになります。

$$\sin\theta=\frac{y}{r}, \quad \cos\theta=\frac{x}{r}, \quad \tan\theta=\frac{y}{x}$$

そこで，$0°\leqq\theta\leqq180°$ のときの三角比を，次の式で定義
します。

$$\sin\theta=\frac{y}{r}, \quad \cos\theta=\frac{x}{r}, \quad \tan\theta=\frac{y}{x}$$

三角比の定義から，三角比の符号について，
右のことが成り立ちます。

注 $90°<\theta<180°$ の範囲にある角 $\theta$ を鈍角
といいます。

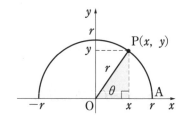

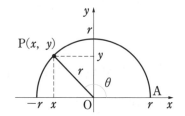

| $\theta$ | 0° | 鋭角 | 90° | 鈍角 | 180° |
|---|---|---|---|---|---|
| $\sin\theta$ | 0 | + | 1 | + | 0 |
| $\cos\theta$ | 1 | + | 0 | − | −1 |
| $\tan\theta$ | 0 | + | | − | 0 |

---

**例題**

$\sin120°$，$\cos120°$，$\tan120°$ の値を求めなさい。

解答 右の図のように，
$\angle\text{AOP}=120°$，
半円の半径を 2 と
すると，点Pの座
標は $(-1, \sqrt{3})$

よって $\sin120°=\dfrac{\sqrt{3}}{2}$

$\cos120°=\dfrac{-1}{2}=-\dfrac{1}{2}$

$\tan120°=\dfrac{\sqrt{3}}{-1}=-\sqrt{3}$

1 $P(-1, \sqrt{3})$

考えかた

1 座標平面上に半円をか
いて考える。

## 練 習 問 題

**1** 次の空らんをうめなさい。

右の図のように，∠AOP＝135°，半円の半径を $\sqrt{2}$
とすると，点Pの座標は

$$\left(-1,\ ^{\mathcal{P}}\boxed{\phantom{xx}}\right)$$

よって　　$\sin 135° = \dfrac{1}{\sqrt{2}}$

$$\cos 135° = \dfrac{^{\mathcal{A}}\boxed{\phantom{xx}}}{\sqrt{2}} = \ ^{\mathcal{\dot{\mathcal{D}}}}\boxed{\phantom{xx}}$$

$$\tan 135° = \dfrac{^{\mathcal{\bot}}\boxed{\phantom{xx}}}{-1} = \ ^{\mathcal{\dot{\mathcal{T}}}}\boxed{\phantom{xx}}$$

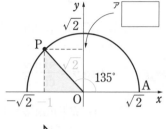

**2** $\sin 150°$，$\cos 150°$，$\tan 150°$ の値を求めなさい。

# 46 180°−θ の三角比の性質

## 1 三角比の相互関係

鈍角の場合にも，p.96 で学んだ三角比の相互関係が成り立ちます。

重要!

**1** $\tan\theta=\dfrac{\sin\theta}{\cos\theta}$

**2** $\sin^2\theta+\cos^2\theta=1$

**3** $1+\tan^2\theta=\dfrac{1}{\cos^2\theta}$

← p.98 の三角比の定義から

$$\sin\theta=\frac{y}{r},\ \cos\theta=\frac{x}{r},\ \tan\theta=\frac{y}{x}$$

三平方の定理から

$$x^2+y^2=r^2$$

## 2 180°−θ の三角比

鈍角の三角比について，次のことが成り立ちます。

$$\sin(180°-\theta)=\sin\theta$$
$$\cos(180°-\theta)=-\cos\theta$$
$$\tan(180°-\theta)=-\tan\theta$$

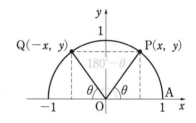

鈍角の三角比は，鋭角の三角比で表すことができます。

例 $\sin130°=\sin(180°-50°)=\sin50°=0.7660$

$\cos165°=\cos(180°-15°)=-\cos15°=-0.9659$

$\tan100°=\tan(180°-80°)=-\tan80°=-5.6713$

○＋△＝180° のとき
$\sin○=\sin△$
$\cos○=-\cos△$
$\tan○=-\tan△$

---

例題

$90°<\theta<180°$ とする。$\sin\theta=\dfrac{\sqrt{7}}{4}$ のとき，$\cos\theta$ の値を求めなさい。

解答 $\sin^2\theta+\cos^2\theta=1$ から ←1

$$\cos^2\theta=1-\sin^2\theta=1-\left(\frac{\sqrt{7}}{4}\right)^2=\frac{9}{16}$$

$90°<\theta<180°$ であるから，$\cos\theta<0$ である。 ←2

よって $\cos\theta=-\sqrt{\dfrac{9}{16}}=-\dfrac{3}{4}$

考えかた

1 三角比の相互関係を利用する。

2 $\theta$ が鈍角のとき，$\cos\theta<0$ に注意して解く。

**1** 次の空らんをうめなさい。

(1) $\sin 154° = \sin \left(180° - {}^{\text{ア}}\boxed{\phantom{xx}}\right)$

$= \sin {}^{\text{ア}}\boxed{\phantom{xx}} = {}^{\text{イ}}\boxed{\phantom{xxx}}$

(2) $\cos 98° = \cos \left(180° - {}^{\text{ア}}\boxed{\phantom{xx}}\right)$

$= -\cos {}^{\text{ア}}\boxed{\phantom{xx}} = {}^{\text{イ}}\boxed{\phantom{xxx}}$

(3) $\tan 137° = \tan \left(180° - {}^{\text{ア}}\boxed{\phantom{xx}}\right)$

$= -\tan {}^{\text{ア}}\boxed{\phantom{xx}} = {}^{\text{イ}}\boxed{\phantom{xxx}}$

**三角比の符号**

$\theta$ が鋭角のとき

$\sin\theta > 0$, $\cos\theta > 0$, $\tan\theta > 0$

$\theta$ が鈍角のとき

$\sin\theta > 0$, $\cos\theta < 0$, $\tan\theta < 0$

第 **4** 章

図形と計量

**2** $0° \leqq \theta \leqq 180°$ とする。$\cos\theta = -\dfrac{2}{5}$ のとき，次の値を求めなさい。

(1) $\sin\theta$

(2) $\tan\theta$

# 47 三角比の等式を満たす θ

## 1 三角比から角の大きさを求める

与えられた三角比の値から角の大きさを求めるには，鈍角の三角比を定義したときと同じように，座標平面上で考えます。

$\sin\theta=\dfrac{\square}{\bigcirc}$ → 原点Oを中心とする半径○の半円上で，$y=\square$ である点をとる

$\cos\theta=\dfrac{\square}{\bigcirc}$ → 原点Oを中心とする半径○の半円上で，$x=\square$ である点をとる

$\tan\theta=\dfrac{\square}{\bigcirc}$ → $x=\bigcirc$，$y=\square$ である点をとる

$\sin\theta=\dfrac{\square}{\bigcirc}$ を満たす θ　　　$\cos\theta=\dfrac{\square}{\bigcirc}$ を満たす θ　　　$\tan\theta=\dfrac{\square}{\bigcirc}$ を満たす θ

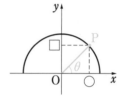

### 例題

$0°\leqq\theta\leqq180°$ のとき，次の等式を満たす θ の値を求めなさい。

(1)　$\sin\theta=\dfrac{1}{\sqrt{2}}$　　　　　　(2)　$\tan\theta=-\sqrt{3}$

**解答**　(1)　右の図のように，半径 $\sqrt{2}$ の半円上で，$y$ 座標が1である点PとQをとる。　←1

求める θ は，∠AOP と ∠AOQ であるから　$\theta=45°,\ 135°$

(2)　$-\sqrt{3}=\dfrac{\sqrt{3}}{-1}$

右の図のように，$x$ 座標が $-1$，$y$ 座標が $\sqrt{3}$ である点Pをとる。　←1

求める θ は，∠AOP であるから　$\theta=120°$

**考えかた**

1 座標平面を利用する。

> 求める角が1つとは限らないことに注意。

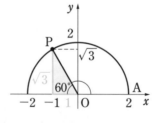

**1** 次の空らんをうめて，$\cos\theta = -\dfrac{\sqrt{3}}{2}$ を満たす $\theta$ の値を求めなさい。

右の図のように，半径 2 の半円上で，$x$ 座標が ア

である点Pをとる。

求める $\theta$ は，$\angle AOP$ であるから

$$\theta = \text{ィ} \boxed{\phantom{xxxx}}°$$

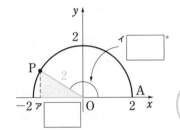

**2** $0° \leqq \theta \leqq 180°$ のとき，次の等式を満たす $\theta$ の値を求めなさい。

(1) $\sin\theta = \dfrac{1}{2}$

(2) $\cos\theta = 0$

(3) $\tan\theta = -1$

# 48 正弦定理

## 1 正弦定理

△ABC に対して，∠A，∠B，∠C の大きさをそれぞれ $A$，$B$，$C$ で表し，それらの角に向かい合う辺の長さをそれぞれ $a$，$b$，$c$ で表します。

三角形の 3 つの頂点を通る円を，その三角形の 外接円（がいせつえん） といいます。三角形の 3 つの角の正弦（sin）と 3 辺の長さの間には，次の 正弦定理 が成り立ちます。

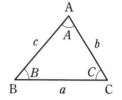

> 重要! **正弦定理**
>
> △ABC の外接円の半径を $R$ とすると
> $$\frac{a}{\sin A}=\frac{b}{\sin B}=\frac{c}{\sin C}=2R$$

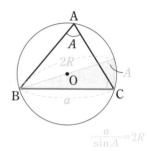

$$\frac{a}{\sin A}=2R$$

### 例題

**△ABC において，次のものを求めなさい。**

(1) $a=6$，$A=60°$ のとき，外接円の半径 $R$

(2) $a=8$，$A=135°$，$C=30°$ のとき，辺 AB の長さ $c$

(解答) (1) 正弦定理により $\quad \dfrac{6}{\sin 60°}=2R \quad \leftarrow \boxed{1}$

よって $\quad R=\dfrac{6}{2\sin 60°}=\dfrac{3}{\sin 60°}$

$\qquad\qquad =3\div\dfrac{\sqrt{3}}{2}=3\times\dfrac{2}{\sqrt{3}}$

$\qquad\qquad =2\sqrt{3}$

**考えかた**

$\boxed{1}$ 正弦定理を利用して求める。

(2) 正弦定理により $\quad \dfrac{8}{\sin 135°}=\dfrac{c}{\sin 30°} \quad \leftarrow \boxed{1}$

よって $\quad c=\dfrac{8\sin 30°}{\sin 135°}$

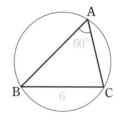

$\qquad\qquad =8\times\dfrac{1}{2}\div\dfrac{1}{\sqrt{2}}$

$\qquad\qquad =4\sqrt{2}$

**1** 次の空らんをうめなさい。

$a=4$, $A=45°$, $B=60°$ である $\triangle ABC$ において,

外接円の半径を$R$とすると

$$\frac{\boxed{\phantom{ア}}}{\sin 45°}=2R$$

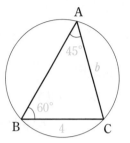

よって　　$R=\dfrac{2}{\sin 45°}=2\div\dfrac{1}{\boxed{\phantom{イ}}}$

$$=\boxed{\phantom{ウ}}$$

また, 辺 AC の長さ $b$ について, $\dfrac{b}{\sin 60°}=2R$ から

$$b=2R\sin 60°=\boxed{\phantom{エ}}\times\frac{\sqrt{3}}{2}=\boxed{\phantom{オ}}$$

**2** $\triangle\mathbf{ABC}$ において，次のものを求めなさい。

(1)　$b=\sqrt{6}$ , $B=120°$ のとき, 外接円の半径$R$

(2)　$b=10$, $A=30°$, $B=45°$ のとき, 辺 BC の長さ $a$

第**4**章　図形と計量

# 49 余弦定理

## 1 余弦定理

三角形の 3 辺と 1 つの角の余弦 (cos) の間には，次の 余弦定理 が成り立ちます。

> 重要! **余弦定理**
>
> △ABC において
> $$a^2 = b^2 + c^2 - 2bc \cos A$$
> $$b^2 = c^2 + a^2 - 2ca \cos B$$
> $$c^2 = a^2 + b^2 - 2ab \cos C$$

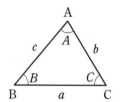

三角形の 2 辺の長さとその間の角の大きさがわかっている場合には，

余弦定理を用いて，残りの辺の長さを求めることができます。

余弦定理の各等式を変形すると，3 辺から角を求める次の等式が得られます。

$$\cos A = \frac{b^2 + c^2 - a^2}{2bc}, \qquad \cos B = \frac{c^2 + a^2 - b^2}{2ca}, \qquad \cos C = \frac{a^2 + b^2 - c^2}{2ab}$$

### 例題

△ABC において，次のものを求めなさい。

(1) $b = 2$，$c = 3$，$A = 60°$ のとき，辺 BC の長さ $a$

(2) $a = \sqrt{13}$，$b = 1$，$c = 3$ のとき，角 A の大きさ $A$

**解答** (1) 余弦定理により

$$a^2 = 2^2 + 3^2 - 2 \times 2 \times 3 \times \cos 60° \quad \leftarrow \boxed{1}$$

$$= 4 + 9 - 12 \times \frac{1}{2}$$

$$= 7$$

$a > 0$ であるから $\quad a = \sqrt{7}$

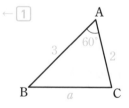

(2) 余弦定理により

$$\cos A = \frac{1^2 + 3^2 - (\sqrt{13})^2}{2 \times 1 \times 3} \quad \leftarrow \boxed{1}$$

$$= -\frac{1}{2}$$

よって $\quad A = 120°$

**考えかた**

$\boxed{1}$ 余弦定理を利用して求める。

> **HINT**
>
> $$a^2 = b^2 + c^2 - 2bc \cos A$$
> $$\cos A = \frac{b^2 + c^2 - a^2}{2bc}$$

## 練 習 問 題

**1** 次の空らんをうめなさい。

$a=\sqrt{2}$，$b=2$，$C=135°$ である △ABC において，
辺 AB の長さ $c$ を求める。

余弦定理により

$$c^2=a^2+b^2-2ab\cos C$$

よって

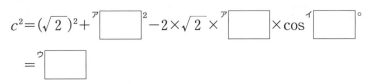

$$c^2=(\sqrt{2})^2+\boxed{\phantom{ア}}^2-2\times\sqrt{2}\times\boxed{\phantom{ア}}\times\cos\boxed{\phantom{イ}}°$$

$$=\boxed{\phantom{ウ}}$$

$c>0$ であるから $c=\boxed{\phantom{エ}}$

**2** △ABC において，次のものを求めなさい。

(1) $a=6$，$c=\sqrt{3}$，$B=30°$ のとき，辺 AC の長さ $b$

(2) $a=3$，$b=8$，$c=7$ のとき，角 C の大きさ $C$

# 50 三角形の面積

## 1 三角形の面積

△ABC の面積 $S$ は，2辺の長さとその間の角を用いて，次のように表されます。

$$S=\frac{1}{2}bc\sin A$$

$$S=\frac{1}{2}ca\sin B$$

$$S=\frac{1}{2}ab\sin C$$

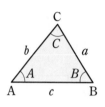

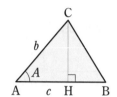 

$\mathrm{CH}=b\sin A$　$\mathrm{CH}=b\sin(180°-A)$
　　　　　　　　　　$=b\sin A$

**例** $a=4$, $b=5$, $C=45°$ である △ABC の面積 $S$ は

$$S=\frac{1}{2}ab\sin C=\frac{1}{2}\times4\times5\times\sin45°$$

$$=\frac{1}{2}\times4\times5\times\frac{\sqrt{2}}{2}=5\sqrt{2}$$

### 例題

$a=2\sqrt{2}$, $b=1$, $c=3$ である △ABC において，次のものを求めなさい。

(1) $\cos A$　　　(2) $\sin A$　　　(3) 面積 $S$

**解答** (1) 余弦定理により　$\cos A=\dfrac{1^2+3^2-(2\sqrt{2})^2}{2\times1\times3}=\dfrac{1}{3}$

(2) $\sin^2A=1-\cos^2A$

$\qquad=1-\left(\dfrac{1}{3}\right)^2$

$\qquad=\dfrac{8}{9}$

$\sin A>0$ であるから　$\sin A=\dfrac{2\sqrt{2}}{3}$

(3) $S=\dfrac{1}{2}bc\sin A=\dfrac{1}{2}\times1\times3\times\dfrac{2\sqrt{2}}{3}=\sqrt{2}$

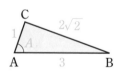

**考えかた**

3辺の長さがわかっている場合の面積の求めかた
(1) 余弦定理を利用して $\cos A$ を求める。
(2) (1)の結果と三角形の相互関係を用いて，$\sin A$ を求める。
(3) 三角形の面積の公式を利用して，$S$ を求める。

**1** 次の空らんをうめなさい。

$c=3$, $a=2$, $B=120°$ である △ABC の面積 $S$ は

$$S=\frac{1}{2}ca\sin B$$

$$=\frac{1}{2}\times\overset{ア}{\boxed{\phantom{00}}}\times 2\times\sin 120°$$

$$=\frac{1}{2}\times\overset{ア}{\boxed{\phantom{00}}}\times 2\times\overset{イ}{\boxed{\phantom{00}}}$$

$$=\overset{ウ}{\boxed{\phantom{00}}}$$

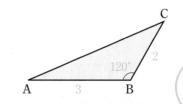

**2** $a=6$, $b=5$, $c=4$ である △ABC において，次のものを求めなさい。

(1) $\cos A$

(2) $\sin A$

(3) △ABC の面積 $S$

# 51 図形の計量

## 1 図形の分割と面積

多角形についての問題は，三角形に分割して考えることで，辺の長さや
角の大きさ，面積などを求めることができる場合があります。

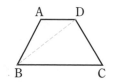

## 2 空間図形への応用

空間図形についての問題も，空間図形に含まれる平面図形に着目することで，辺の長さや
角の大きさ，面積などを求めることができる場合があります。

### 例題

600 m 離れた 2 地点 B，C から山頂 A を見ると
　　∠ABC＝75°，∠ACB＝45°
であった。また，地点 B から山頂 A を見上げた角度は
30° であった。右の図で，山の高さ AH を求めなさい。

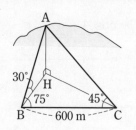

**解答**　△ABC において

$$\angle BAC = 180° - (75° + 45°)$$
$$= 60°$$

△ABC において，正弦定理により

$$\frac{AB}{\sin 45°} = \frac{600}{\sin 60°} \quad \leftarrow \boxed{1}$$

よって

$$AB = \frac{600 \sin 45°}{\sin 60°} = 600 \times \frac{1}{\sqrt{2}} \div \frac{\sqrt{3}}{2}$$
$$= 200\sqrt{6}$$

したがって，△ABH において

$$AH = AB \sin 30° \quad \leftarrow \boxed{2}$$
$$= 200\sqrt{6} \times \frac{1}{2}$$
$$= 100\sqrt{6} \ (m)$$

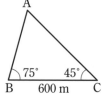

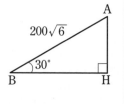

**考えかた**

$\boxed{1}$ △ABC に正弦定理を
利用して AB の長さを求
める。

$\boxed{2}$ △ABH に着目して
AH の長さを求める。

**1** 右の図の三角すい ABCD について，次の空らんをうめなさい。

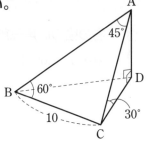

△ABC において，正弦定理により

$$\frac{10}{\sin 45°}=\frac{AC}{\sin\ ^{ア}\boxed{\phantom{00}}°}$$

よって　　$AC=10\times\sin\ ^{ア}\boxed{\phantom{00}}°\div\sin 45°$

$$=10\times\ ^{イ}\boxed{\phantom{00}}\div\frac{1}{\sqrt{2}}=\ ^{ウ}\boxed{\phantom{00}}$$

したがって，△ACD において

$$AD=AC\ ^{エ}\boxed{\phantom{0}}\ 30°=\ ^{ウ}\boxed{\phantom{00}}\times\frac{1}{2}=\ ^{オ}\boxed{\phantom{00}}$$

**2** 右の図の直方体において，

　　$AB=\sqrt{3}$，$BC=2\sqrt{2}$，$BF=1$

であるとき，△ACF の面積 $S$ を求めなさい。

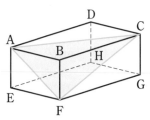

**HINT**

△ABC，△ABF，△BCF に三平方の定理を利用して，3辺 AC，AF，CF の長さを求める。

# 確認テスト

**1** 右の図の直角三角形 ABC において，
$\sin A$，$\cos A$，$\tan A$ の値を求めなさい。

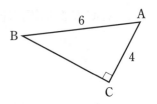

**2** $90° < \theta < 180°$ とする。$\sin\theta = \dfrac{\sqrt{13}}{5}$ のとき，次の値を求めなさい。

(1)　$\cos\theta$

(2)　$\tan\theta$

**3** $b=8$，$B=45°$，$C=75°$ である $\triangle ABC$ において，次のものを求めなさい。

(1)　外接円の半径 $R$

(2)　辺 BC の長さ $a$

**4** 右の図の四角形 ABCD について，次のものを
求めなさい。

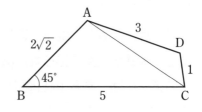

(1) 対角線 AC の長さ

(2) ∠ADC の大きさ

(3) 四角形 ABCD の面積

**5** ある地点 H の真上に気球 P が浮かんでいる。
H と同じ高さにある 2 地点 A，B について，

∠HAB＝45°，∠HBA＝75°，AB＝100 m，∠PBH＝30°

であるとき，気球の高さ PH を求めなさい。

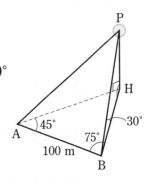

# 52 データの整理

## 1 データの整理

年齢や身長，気温，場所，職業のように，人や物の特性を表すものを 変量 といいます。
また，実験や調査で得られたある変量の測定値や観測値の集まりを データ といいます。
次のデータは，ある 15 日間の最高気温をまとめたものです。

| 6.9 | 7.6 | 8.3 | 10.0 | 12.7 | 10.2 | 9.3 | 12.1 |
| 11.3 | 9.1 | 8.6 | 8.7 | 9.5 | 10.3 | 7.9 | （単位は °C） |

中学校で学んだように，このようなデータの特徴は，度数分布表に整理したり，ヒストグラムに表したりすると，わかりやすくなります。

| 階級（°C） | 階級値 | 度数 |
| --- | --- | --- |
| 6.0 以上　8.0 未満 | 7.0 | 3 |
| 8.0 　～ 10.0 | 9.0 | 6 |
| 10.0 　～ 12.0 | 11.0 | 4 |
| 12.0 　～ 14.0 | 13.0 | 2 |
| 計 | | 15 |

度数分布表

ヒストグラム

### 例題

右の表は，あるクラスの生徒 30 人の通学時間を，度数分布表にまとめたものである。
通学時間が 20 番目に長い生徒が入る階級の階級値を答えなさい。

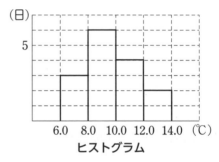

| 階級（分） | 階級値 | 度数 |
| --- | --- | --- |
| 0 以上 20 未満 | 10 | 5 |
| 20 　～ 40 | 30 | 12 |
| 40 　～ 60 | 50 | 10 |
| 60 　～ 80 | 70 | 3 |
| 計 | | 30 |

（解答）　通学時間が 20 分未満の生徒は

5 人　←1

通学時間が 40 分未満の生徒は

5＋12＝17（人）　←1

通学時間が 60 分未満の生徒は

5＋12＋10＝27（人）　←1

よって，求める階級は 40 分以上 60 分未満で，階級値は　50 分

考えかた

1 各階級に入る生徒の人数に注目して考える。

1　右の表は，ある学校の1年生男子全員の身長を度数
分布表にまとめたものである。
次の空らんをうめなさい。

度数分布の階級の幅は <sup>ア</sup>◻ cm であり，

155 cm 以上 160 cm 未満である階級の階級値は，

<sup>イ</sup>◻ cm である。

また，この学校の1年生男子の人数は

<sup>ウ</sup>◻ 人　　　であり，

身長が 170 cm 以上の生徒は

<sup>エ</sup>◻ 人　　　である。

| 階級 (cm) | 度数 |
|---|---|
| 155 以上 160 未満 | 6 |
| 160　～165 | 9 |
| 165　～170 | 17 |
| 170　～175 | 35 |
| 175　～180 | 21 |
| 180　～185 | 8 |
| 計 | |

POINT

**度数分布表**

階　　　級　区切られた各区間
階級の幅　区間の幅
度　　　数　各階級に含まれる値の個数
階 級 値　各階級の真ん中の値

2　次のデータは，ある都市の元日の最高気温を 30 年分まとめたものである。

| 12.1 | 6.6 | 15.5 | 9.6 | 9.2 | 10.8 | 9.5 | 10.6 | 10.9 | 8.9 |
| 5.6 | 8.8 | 12.6 | 6.5 | 14.3 | 10.8 | 12.6 | 9.1 | 12.7 | 15.9 |
| 10.6 | 10.9 | 9.2 | 10.5 | 10.8 | 9.0 | 9.8 | 12.0 | 12.0 | 9.5 （単位は ℃） |

このデータについて，下の度数分布表を完成させなさい。
また，度数分布表をもとにして，ヒストグラムをかきなさい。

| 階級 (℃) | 度数 |
|---|---|
| 4.0 以上　6.0 未満 | |
| 6.0　～　8.0 | |
| 8.0　～ 10.0 | |
| 10.0　～ 12.0 | |
| 12.0　～ 14.0 | |
| 14.0　～ 16.0 | |
| 計 | |

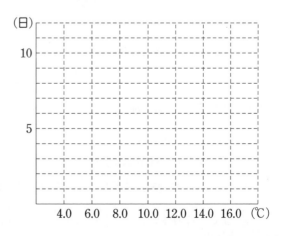

（第5章　データの分析）

# 53 データの代表値

## 1 平均値

変量 $x$ のデータが $n$ 個の値 $x_1$, $x_2$, ……, $x_n$ であるとき,それらの総和を $n$ で割ったものをこのデータの 平均値 といい,$\bar{x}$ と表します。

重要! $$\bar{x} = \frac{1}{n}(x_1 + x_2 + \cdots\cdots + x_n)$$

$$平均値 = \frac{データの値の総和}{データの大きさ}$$

## 2 最頻値

データにおいて,最も個数の多い値を,そのデータの 最頻値 または モード といいます。度数分布表に整理したときは,度数が最も大きい階級の階級値を最頻値とします。

## 3 中央値

データを大きさの順に並べたとき,中央の位置にくる値を 中央値 または メジアン といいます。

データの大きさが偶数のときは,中央に 2 つの値が並ぶから,その 2 つの値の平均をとって中央値とします。

データの大きさが奇数
○○○○●○○○○
データの大きさが偶数
○○○●●○○○
平均をとる

### 例題

右の表は,ある月に売れた商品 20 個の値段別の売上個数を示したものです。次のものを求めなさい。

| 値段（円） | 500 | 1000 | 10000 |
|---|---|---|---|
| 個数（個） | 10 | 9 | 1 |

(1) 平均値　　　　(2) 最頻値　　　　(3) 中央値

解答　(1) $\dfrac{1}{20}(500 \times 10 + 1000 \times 9 + 10000 \times 1) = \dfrac{24000}{20}$

$= 1200$（円）

(2) 最も個数の多い値は 500 であるから,最頻値は

500 円

(3) データを小さい順に並べると

10 番目は 500,11 番目は 1000

よって,中央値は　$\dfrac{500 + 1000}{2} = 750$（円）

**考えかた**

それぞれの代表値の意味のちがいに注意する。

(1) $\dfrac{データの値の総和}{データの大きさ}$

(2) 最も個数の多い値

(3) データを小さい順に並べて考える。

**1** 次のデータは，生徒 10 人が 1 ヶ月間に読んだ本の冊数である。

$$4, \ 2, \ 1, \ 0, \ 2, \ 5, \ 2, \ 3, \ 2, \ 1 \ \text{(冊)}$$

次の空らんをうめなさい。

平均値は $\dfrac{1}{\boxed{\phantom{ア}}}(4+2+1+0+2+5+2+3+2+1)=\boxed{\phantom{イ}}$ (冊)

また，データを小さい順に並べると $\quad 0, \ 1, \ 1, \ 2, \ 2, \ 2, \ 2, \ 3, \ 4, \ 5$

最頻値は $\boxed{\phantom{ウ}}$ 冊

中央値は $\boxed{\phantom{エ}}$ 冊

**2** 次のデータは，ある生徒が 1 年間に図書館を利用した回数を，月ごとにまとめたものである。図書館を利用した回数について，次の問いに答えなさい。

| 月 | 1 | 2 | 3 | 4 | 5 | 6 | 7 | 8 | 9 | 10 | 11 | 12 |
|---|---|---|---|---|---|---|---|---|---|---|---|---|
| 回数 | 1 | 0 | 5 | 4 | 2 | 1 | 3 | 16 | 1 | 2 | 0 | 1 |

(1) 平均値を求めなさい。

(2) 最頻値を求めなさい。

(3) 中央値を求めなさい。

# 54 データの散らばり

## 1 四分位数と四分位範囲，四分位偏差

データの値を大きさの順に並べたとき，4 等分する
位置の値を 四分位数 といいます。四分位数は小さ
い順に 第 1 四分位数，第 2 四分位数，第 3 四分位数
といい，順に $Q_1$，$Q_2$，$Q_3$ で表します。

$Q_3 - Q_1$ を 四分位範囲 といい，$\dfrac{Q_3 - Q_1}{2}$ を 四分位偏差

といいます。

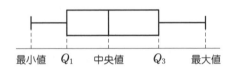

## 2 箱ひげ図

データの分布を右のような 箱ひげ図 で表すことが
あります。箱の横の長さは四分位範囲を表します。
この長さは，データの散らばり度合いを表しています。

## 3 外れ値

データの中に，他の値から極端にかけ離れた値があるとき，それを 外れ値 といいます。
外れ値の基準は複数ありますが，たとえば，次のような値を外れ値とします。

  （第 1 四分位数 − 1.5 × 四分位範囲）以下の値　　← $\{Q_1 - 1.5 \times (Q_3 - Q_1)\}$ 以下

  （第 3 四分位数 + 1.5 × 四分位範囲）以上の値　　← $\{Q_3 + 1.5 \times (Q_3 - Q_1)\}$ 以上

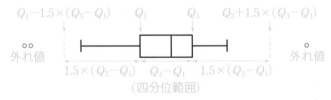

### 例題

次のデータについて，第 1 四分位数，第 3 四分位数を求めなさい。

　　4, 5, 6, 7, 8, 8, 9, 10, 13

(解答) 下半分のデータの中央値は $\dfrac{5+6}{2} = 5.5$ ← 1

　　　　上半分のデータの中央値は $\dfrac{9+10}{2} = 9.5$ ← 1

　　　　よって　　第 1 四分位数は　$Q_1 = 5.5$

　　　　　　　　　第 3 四分位数は　$Q_3 = 9.5$

**考えかた**

1 下半分の 4 個のデータの中央値 $(=Q_1)$，上半分の 4 個のデータの中央値 $(=Q_3)$ を求める。

## 練 習 問 題

**1** 次のデータは，ある生徒の 10 回のテストの得点を，小さい方から順に並べたものである。下の空らんをうめなさい。

$$62, \quad 65, \quad 70, \quad 73, \quad 75, \quad 79, \quad 80, \quad 82, \quad 82, \quad 88 \quad (点)$$

第 2 四分位数 $Q_2$ は $\dfrac{75 + \boxed{\phantom{ア}}^{ア}}{2} = \boxed{\phantom{イ}}^{イ}$ （点） ← データの中央値

また，第 1 四分位数 $Q_1$ は $\boxed{\phantom{ウ}}^{ウ}$ 点　　第 3 四分位数 $Q_3$ は $\boxed{\phantom{エ}}^{エ}$ 点

したがって　　四分位範囲は　　$Q_3 - Q_1 = \boxed{\phantom{オ}}^{オ}$ （点）

四分位偏差は $\dfrac{Q_3 - Q_1}{2} = \boxed{\phantom{カ}}^{カ}$ （点）

**2** 次のデータ A，B について，以下の問いに答えなさい。

| A | 4 | 6 | 7 | 8 | 9 | 10 | 10 | 12 | 15 | 18 | 20 |
|---|---|---|---|---|---|----|----|----|----|----|----|
| B | 4 | 5 | 6 | 6 | 7 | 8  | 8  | 9  | 10 | 10 | 20 |

(1) データ A の四分位範囲と四分位偏差を求めなさい。

(2) データ B の四分位範囲と四分位偏差を求めなさい。

(3) A と B では，どちらの方がデータの散らばり度合いが大きいですか。

# 55 分散と標準偏差

## 1 分散と標準偏差

データの各値から，データの平均値を引いた値を 偏差 といいます。

偏差の2乗の平均値を 分散 といい，分散の正の平方根を 標準偏差 といいます。標準偏差は $s$ で表します。

変量 $x$ の各値 $x_1$, $x_2$, ……, $x_n$ の平均値が $\overline{x}$ であるとき，分散 $s^2$ と標準偏差 $s$ は，次の式で表されます。

**分散** $$s^2=\frac{1}{n}\{(x_1-\overline{x})^2+(x_2-\overline{x})^2+\cdots\cdots+(x_n-\overline{x})^2\}$$

**標準偏差** $$s=\sqrt{\frac{1}{n}\{(x_1-\overline{x})^2+(x_2-\overline{x})^2+\cdots\cdots+(x_n-\overline{x})^2\}}$$

分散と平均値の間には，次の式が成り立ちます。

$$(x\text{の分散})=(x^2\text{ の平均値})-(x\text{ の平均値})^2$$

### 例題

次のデータは，ある生徒5人のハンドボール投げの記録である。

32, 24, 26, 25, 28 （単位は m）

このデータについて，分散と標準偏差を求めなさい。

ただし，標準偏差は，小数第2位を四捨五入して答えなさい。

(解答) 平均値は

$$\frac{1}{5}(32+24+26+25+28)=\frac{135}{5}=27 \text{ (m)} \quad \leftarrow \boxed{1}$$

分散は

$$\frac{1}{5}\{(32-27)^2+(24-27)^2+(26-27)^2+(25-27)^2$$
$$+(28-27)^2\} \quad \leftarrow \boxed{2}$$
$$=\frac{40}{5}=8$$

標準偏差は

$$\sqrt{8}=2.828\cdots\cdots\fallingdotseq2.8 \text{ (m)} \quad \leftarrow \boxed{3}$$

**考えかた**

$\boxed{1}$ データの平均値を求める。

$\boxed{2}$ 平均値を用いて分散 $s^2$ を求める。

$\boxed{3}$ 分散 $s^2$ を用いて標準偏差 $s=\sqrt{s^2}$ を求める。

**1** 次のデータは，ある商品の 4 つの店での販売額である。

$$102, \ 100, \ 96, \ 98 \quad (円)$$

次の空らんをうめなさい。

平均値は $\dfrac{1}{\boxed{\phantom{ア}}}(102+100+96+98) = {}^{イ}\boxed{\phantom{イ}}$ (円)

であるから，分散は

$$\dfrac{1}{\boxed{\phantom{ア}}}\{(102-99)^2+(100-99)^2+(96-99)^2+(98-99)^2\}$$

$$= {}^{ウ}\boxed{\phantom{ウ}}$$

よって，標準偏差は $\sqrt{{}^{ウ}\boxed{\phantom{ウ}}} \fallingdotseq 2.2$ (円)

分散＝(偏差)$^2$ の平均値

$\phantom{分散}= \dfrac{(偏差)^2 \text{ の総和}}{\text{データの大きさ}}$

標準偏差＝$\sqrt{\text{分散}}$

第**5**章 データの分析

**2** 右のデータは，2 人の生徒 A，B の 6 回の計算テストの得点である。このとき，次のものを求めなさい。

| A | 5 | 6 | 6 | 5 | 8 | 6 |
|---|---|---|---|---|---|---|
| B | 4 | 9 | 6 | 10 | 6 | 1 |

(1) Aの得点の分散と標準偏差

(2) Bの得点の分散と標準偏差

# 56 データの相関

## 1 散布図

データの中には，あるクラスの男子生徒の身長と体重のように，2つの変量からなるものがあります。

このとき，身長を $x$ cm，体重を $y$ kg として $(x, y)$ を座標とする点を平面上にとると，2つの変量 $x$ と $y$ の関係がわかりやすくなります。

このような図を 散布図 といいます。

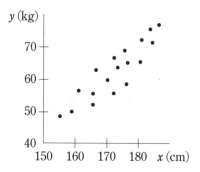

## 2 正の相関，負の相関

2つの変量からなるデータにおいて，一方が増えると他方も増える傾向が見られるとき，2つの変量の間には 正の相関 があるといいます。

また，一方が増えると他方が減る傾向が見られるとき，2つの変量の間には 負の相関 があるといいます。

どちらの傾向も見られないとき，相関がない といいます。

2つの変量の間に相関があるとき，散布図における各点が1つの直線に接近して分布しているほど 相関が強い といい，散らばって分布しているほど 相関が弱い といいます。

## 3 相関係数

2つの変量 $x$，$y$ に関する $n$ 個のデータの組 $(x_1, y_1)$，$(x_2, y_2)$，……，$(x_n, y_n)$ について，$x$ の平均値を $\bar{x}$，$y$ の平均値を $\bar{y}$ とするとき，$x$ の偏差と $y$ の偏差の積の平均値

$$\frac{1}{n}\{(x_1-\bar{x})(y_1-\bar{y})+(x_2-\bar{x})(y_2-\bar{y})+\cdots\cdots+(x_n-\bar{x})(y_n-\bar{y})\}$$

を $x$ と $y$ の 共分散 といいます。$x$ と $y$ の間に，正の相関があるとき共分散は正になり，負の相関があるとき共分散は負になります。

$x$ と $y$ の共分散を，$x$ の標準偏差と $y$ の標準偏差の積で割った値を，$x$ と $y$ の 相関係数 といいます。

相関係数は，$-1$ 以上 $1$ 以下の値をとり，正の相関が強いほど $1$ に近づき，負の相関が強いほど $-1$ に近づきます。

$$(相関係数) = \frac{(x と y の共分散)}{(x の標準偏差) \times (y の標準偏差)}$$

## 練習問題

**1** 右のデータは，5人の生徒 ①，②，③，④，⑤ が行った，テストＡの得点 $x$ と，テストＢの得点 $y$ をまとめたものである。次の空らんをうめなさい。

|   | ① | ② | ③ | ④ | ⑤ |
|---|---|---|---|---|---|
| A | 1 | 4 | 3 | 5 | 7 |
| B | 9 | 7 | 6 | 5 | 3 |

テストＡの得点の平均値を $\bar{x}$，標準偏差を $s_x$，

テストＢの得点の平均値を $\bar{y}$，標準偏差を $s_y$ とする。

$$\bar{x} = \frac{\boxed{\phantom{ア}}^{ア}}{5} = \boxed{\phantom{イ}}^{イ} \ , \quad \bar{y} = \frac{\boxed{\phantom{ウ}}^{ウ}}{5} = \boxed{\phantom{エ}}^{エ}$$

| 生徒 | $x$ | $y$ | $x-\bar{x}$ | $y-\bar{y}$ | $(x-\bar{x})^2$ | $(y-\bar{y})^2$ | $(x-\bar{x})(y-\bar{y})$ |
|---|---|---|---|---|---|---|---|
| ① | 1 | 9 | −3 | 3 | 9 | 9 | −9 |
| ② | 4 | 7 | 0 | 1 | 0 | 1 | 0 |
| ③ | 3 | 6 | −1 | 0 | 1 | 0 | 0 |
| ④ | 5 | 5 | 1 | −1 | 1 | 1 | −1 |
| ⑤ | 7 | 3 | 3 | −3 | 9 | 9 | −9 |
| 計 | 20 | 30 |  |  | 20 | 20 | −19 |

上の表から

$$s_x = \sqrt{\frac{\boxed{\phantom{オ}}^{オ}}{5}} = \boxed{\phantom{カ}}^{カ} \ , \quad s_y = \sqrt{\frac{\boxed{\phantom{キ}}^{キ}}{5}} = \boxed{\phantom{ク}}^{ク}$$

また，$x$ と $y$ の共分散は $\dfrac{-19}{5} = -3.8$

よって，相関係数は

$$\frac{-3.8}{\boxed{\phantom{カ}}^{カ} \times \boxed{\phantom{ク}}^{ク}} = \boxed{\phantom{ケ}}^{ケ}$$

したがって，$x$ と $y$ の間には，強い $\boxed{\phantom{コ}}^{コ}$ の相関がある。

---

✔ **COLUMN**　相関と因果関係

右の図は，上の練習問題のテストＡの得点 $x$ と，テストＢの得点 $y$ についての散布図です。図からも，$x$ と $y$ の間には負の相関があると考えられます。

しかし，テストＡとテストＢに因果関係があるとは限りません。

一般に，2つの変量の間に相関があっても，因果関係があるとは必ずもいえません。

（点）
テストＢの得点
9 8 7 6 5 4 3 2
0 1 2 3 4 5 6 7（点）
テストＡの得点

# 57 仮説検定の考え方

## 1 仮説検定の考え方

得られたデータをもとに，ある主張が正しいかどうかを判断する手法の 1 つを **仮説検定**（か せつけんてい）といいます。

例 ある企業が，鉛筆 A と鉛筆 B について，無作為に選んだ 20 人に A と B のどちらが書きやすいかアンケートを実施しました。このアンケートで，20人中 14 人が「B」と回答したとします。このとき，

　　[1] 　B の方が書きやすい

と判断できるかどうか，確率が小さいことの基準を 0.05 として調べてみましょう。

この問題を解決するために，主張 [1] に反する次の仮定を立てます。

　　　　[2] 　A と回答する場合と，B と回答する場合が半々の確率で起こる。

[2] の仮定は，公正な 1 枚のコインを投げる実験にあてはめることができます。ここでは，表が出る場合を，B と回答する場合とします。

コイン投げを 10 回行うことを 1 セットとし，1 セットで表の出た回数を記録します。この実験を 100 セットくり返したところ，下の表のようになりました。

| 表の枚数 | 4 | 5 | 6 | 7 | 8 | 9 | 10 | 11 | 12 | 13 | 14 | 15 | 16 | 計 |
|---|---|---|---|---|---|---|---|---|---|---|---|---|---|---|
| 度数 | 1 | 2 | 3 | 7 | 11 | 17 | 20 | 17 | 11 | 7 | 2 | 1 | 1 | 100 |

実験結果を利用すると，14 回以上表が出る場合は

$2+1+1=4$ （セット）で，相対度数は $\dfrac{4}{100}=0.04$ です。

つまり，[2] の仮定のもとでは，20 人中 14 人以上が B と回答する確率は 0.04 程度であると考えられます。

これは見方を変えると，0.04 程度という確率の小さなことが起こったのだから，そもそも [2] の仮定が正しくなかった可能性が高いと判断してよいと考えられます。

そして，主張 [1] は正しい，つまり B の方が書きやすいと判断してよいと考えられます。

---

主張 [1] が正しいと判断できるか

↓

主張 [2]（主張 [1] と反する仮定）を立てる

↓

主張 [2] のもとで，実際に起こった出来事が起こる確率を調べる

↓

実際に起こった出来事が起こる確率はかなり小さい

↓

そもそも，主張 [2] の仮定が正しくなかった

↓

主張 [1] は正しいと判断してもよいと考えられる

# 練 習 問 題

**1** あるパン屋が，販売しているメロンパンの味を改良して新しいメロンパンを作りました。そこで，無作為に選んだ客20人に試食してもらい，改良によってメロンパンがおいしくなったかどうかのアンケートをとりました。この試食で，20人中15人が「おいしくなった」と回答したとき，

　　　　　　　　[1]　「メロンパンはおいしくなった」

と判断できるでしょうか。確率が小さいことの基準を0.05として調べましょう。

ただし，次の実験結果を利用してください。

《実験》コイン投げを20回行うことを1セットとし，1セットで出た表の枚数を記録する。この実験を100セットくり返す。

《結果》

| 表の枚数 | 4 | 5 | 6 | 7 | 8 | 9 | 10 | 11 | 12 | 13 | 14 | 15 | 16 | 計 |
|---|---|---|---|---|---|---|---|---|---|---|---|---|---|---|
| 度数 | 1 | 2 | 4 | 8 | 10 | 15 | 21 | 16 | 10 | 7 | 3 | 2 | 1 | 100 |

次の空らんをうめなさい。

主張 [1] に反する次のことを仮定して考える。

　　[2]　おいしくなったと回答する場合と，そうでない場合が半々の確率で起こる。

コイン投げの実験結果を利用すると，15回以上表が出る場合は

$$\overset{\text{ア}}{\boxed{\phantom{000}}} + 1 = \overset{\text{イ}}{\boxed{\phantom{000}}} \text{（セット）}$$

よって，相対度数は $\dfrac{\overset{\text{イ}}{\boxed{\phantom{000}}}}{\underset{\text{ウ}}{\boxed{\phantom{000}}}} = \overset{\text{エ}}{\boxed{\phantom{000}}}$

これは0.05より $\overset{\text{オ}}{\boxed{\phantom{0000}}}$ から，[2] の仮定を否定できる。

したがって，主張 [1] が正しいと判断できる。

# 確認テスト

**1** 次のデータは，10 問からなるクイズに，10 人の生徒が答えたときの正解数である。

$$3, \ 6, \ 1, \ 2, \ 9, \ 0, \ 3, \ 5, \ 3, \ 8$$

このデータについて，次のものを求めなさい。

(1) 平均値

(2) 最頻値

(3) 中央値

**2** 右の表は，ある商品の 1 週間の売上個数をまとめたものである。

このデータについて，次のものを求めなさい。

| 曜日 | 月 | 火 | 水 | 木 | 金 | 土 | 日 |
|------|----|----|----|----|----|----|----|
| 個数 | 2 | 6 | 5 | 7 | 8 | 11 | 10 |

(1) 四分位偏差

(2) 標準偏差 (答は根号を含んだ形のままでよい)

**3** 次の4つの散布図は、2003年から2012年までの120か月の東京の月別データをまとめたものである。それぞれ、1日の最高気温の月平均（以下、平均最高気温）、1日あたり平均降水量、平均湿度、最高気温25℃以上の日数の割合を横軸にとり、各世帯の1日あたりのアイスクリーム平均購入額（以下、購入額）を縦軸としてある。

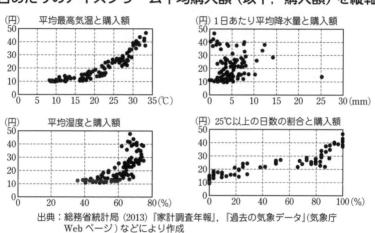

出典：総務省統計局 (2013)『家計調査年報』,『過去の気象データ』(気象庁 Web ページ) などにより作成

これらの散布図から読み取れることとして正しいものを、次の中から2つ選びなさい。

① 平均最高気温が高くなるほど購入額は増加する傾向がある。

② 1日あたり平均降水量が多くなるほど購入額は増加する傾向がある。

③ 平均湿度が高くなるほど購入額の散らばりは小さくなる傾向がある。

④ 25℃以上の日数の割合が80％未満の月は、購入額が30円を超えていない。

⑤ この中で正の相関があるのは、平均湿度と購入額の間のみである。

初版
第1刷　2023年4月1日　発行

●編　者
　数研出版編集部
●カバー・表紙デザイン
　株式会社クラップス

発行者　星野　泰也

ISBN978-4-410-13980-2

定期テストを乗り切る　高校数学Iの超きほん

発行所　数研出版株式会社

本書の一部または全部を許可なく
複写・複製することおよび本書の
解説・解答書を無断で作成するこ
とを禁じます。

〒101-0052　東京都千代田区神田小川町2丁目3番地3
　　　　　　　〔振替〕00140-4-118431
〒604-0861　京都市中京区烏丸通竹屋町上る大倉町205番地
〔電話〕代表　(075)231-0161
ホームページ　https://www.chart.co.jp
印刷　創栄図書印刷株式会社
　　　乱丁本・落丁本はお取り替えいたします　230301

# 数 学 Ⅰ

## の

## 解答と解説

<ruby>数犬<rp>(</rp><rt>すうけん</rt><rp>)</rp></ruby>チャ<ruby>太郎<rp>(</rp><rt>たろう</rt><rp>)</rp></ruby>

## 第1章 数と式

### 1 多項式を整理する　本冊 p.5

**1** (1) ア 5　イ 1　ウ 1　エ 7　オ 2
カ 3

(2) ア $-a$　イ $a^2$

**2** (1) $4x^2+3-3x^2+8x+2$
$=(4-3)x^2+8x+(3+2)$
$=x^2+8x+5$

(2) $3x^2+xy+4y^2-7xy+2x^2+5y^2$
$=(3+2)x^2+(1-7)xy+(4+5)y^2$
$=5x^2-6xy+9y^2$

(3) $x^2+ax+x+3a-2$
$=x^2+(a+1)x+(3a-2)$

### 2 多項式の加法と減法　本冊 p.7

**1** (1) ア ＋　イ ＋　ウ －　エ 3　オ 4
カ 2

(2) ア －　イ ＋　ウ ＋　エ $-2$
オ 16　カ 2

**2** $A+B=(x^2-6x+3)+(3x^2+2x-1)$
$=x^2-6x+3+3x^2+2x-1$
$=(1+3)x^2+(-6+2)x+(3-1)$
$=4x^2-4x+2$

$A-B=(x^2-6x+3)-(3x^2+2x-1)$
$=x^2-6x+3-3x^2-2x+1$
$=(1-3)x^2+(-6-2)x+(3+1)$
$=-2x^2-8x+4$

### 3 単項式の乗法　本冊 p.9

**1** (1) ア 2　イ 3　ウ $a^5$

(2) ア $y^3$　イ 3　ウ 2　エ 4　オ 6

**2** (1) $2a^3\times(-5a^2)=2\times(-5)\times a^3\times a^2$
$=-10a^{3+2}$
$=-10a^5$

(2) $7x^2y\times3x^4y^2=7\times3\times x^2y\times x^4y^2$
$=21x^{2+4}y^{1+2}$
$=21x^6y^3$

(3) $(-3a^2b^4)^3=(-3)^3\times a^{2\times3}\times b^{4\times3}$
$=-27a^6b^{12}$

(4) $(xy^2)^2\times(-2x^2y)^4$
$=x^2y^{2\times2}\times(-2)^4\times x^{2\times4}\times y^4$
$=x^2y^4\times16x^8y^4$
$=16x^{2+8}y^{4+4}$
$=16x^{10}y^8$

### 4 多項式の乗法　本冊 p.11

**1** (1) ア $x^2$　イ $3x$　ウ 3　エ 6　オ 3

(2) ア $x^2+4x+3$　イ 3　ウ 2　エ 6
オ 2　カ 5

**2** (1) $2x^2(3x^2+x-6)$
$=2x^2\times3x^2+2x^2\times x+2x^2\times(-6)$
$=6x^4+2x^3-12x^2$

(2) $(-x^2+2x+3)\times(-4x)$
$=(-x^2)\times(-4x)+2x\times(-4x)$
$\qquad\qquad+3\times(-4x)$
$=4x^3-8x^2-12x$

(3) $(2x^2-x)(x+5)$
$=2x^2(x+5)-x(x+5)$
$=2x^3+10x^2-x^2-5x$
$=2x^3+9x^2-5x$

(4) $(x-2)(x^2+3x+1)$
$=x(x^2+3x+1)-2(x^2+3x+1)$
$=x^3+3x^2+x-2x^2-6x-2$
$=x^3+x^2-5x-2$

### 5 展開の公式(1)　本冊 p.13

**1** (1) ア $2x$　イ 3　ウ $4x^2+12x+9$

(2) ア $4x$　イ $y$　ウ $16x^2-8xy+y^2$

(3) ア $8x$　イ $3y$　ウ $64x^2-9y^2$

(4) ア $3y$　イ $2y$　ウ $x^2+5xy+6y^2$

**2** (1) $(3x+2)^2=(3x)^2+2\times3x\times2+2^2$
$=9x^2+12x+4$

(2) $(x-6y)^2=x^2-2\times x\times6y+(6y)^2$
$=x^2-12xy+36y^2$

(3) $(2x+7)(2x-7)=(2x)^2-7^2$
$=4x^2-49$

(4) $(x+y)(x-3y)$
$=x^2+\{y+(-3y)\}x+y\times(-3y)$
$=x^2-2xy-3y^2$

## 6 展開の公式 (2)

本冊 p. 15

**1** (1) ア 1　イ 2　ウ $2x^2+7x+3$

　　(2) ア $y$　イ $-2y$　ウ $3x^2-5xy-2y^2$

**2** (1) $(3x+2)(2x+5)$

$$=(3\times2)x^2+(3\times5+2\times2)x+2\times5$$
$$=6x^2+19x+10$$

　　(2) $(2x-3)(4x+1)$

$$=(2\times4)x^2+\{2\times1+(-3)\times4\}x$$
$$\qquad\qquad +(-3)\times1$$
$$=8x^2-10x-3$$

　　(3) $(2x-y)(x+2y)$

$$=(2\times1)x^2+\{2\times2y+(-y)\times1\}x$$
$$\qquad\qquad +(-y)\times2y$$
$$=2x^2+3xy-2y^2$$

　　(4) $(3x-4y)(2x-3y)$

$$=(3\times2)x^2+\{3\times(-3y)+(-4y)\times2\}x$$
$$\qquad\qquad +(-4y)\times(-3y)$$
$$=6x^2-17xy+12y^2$$

## 7 展開の工夫

本冊 p. 17

**1** ア 4　イ 3　ウ 4　エ 8

**2** (1) $a+b$ を $A$ とおくと

$$(a+b-c)^2$$
$$=(A-c)^2$$
$$=A^2-2Ac+c^2$$
$$=(a+b)^2-2(a+b)c+c^2$$
$$=a^2+2ab+b^2-2ac-2bc+c^2$$
$$=a^2+b^2+c^2+2ab-2bc-2ca$$

　　(2) $x+y$ を $A$ とおくと

$$(x+y+1)(x+y-1)$$
$$=(A+1)(A-1)$$
$$=A^2-1$$
$$=(x+y)^2-1$$
$$=x^2+2xy+y^2-1$$

　　(3) $a-b$ を $A$ とおくと

$$(a-b+2)(a-b-5)$$
$$=(A+2)(A-5)$$
$$=A^2-3A-10$$
$$=(a-b)^2-3(a-b)-10$$
$$=a^2-2ab+b^2-3a+3b-10$$

---

　　(4) $x+3z$ を $A$ とおくと

$$(x-2y+3z)(x+4y+3z)$$
$$=(A-2y)(A+4y)$$
$$=A^2+2Ay-8y^2$$
$$=(x+3z)^2+2(x+3z)y-8y^2$$
$$=x^2+6xz+9z^2+2xy+6yz-8y^2$$
$$=x^2-8y^2+9z^2+2xy+6yz+6zx$$

## 8 因数分解

本冊 p. 19

**1** (1) ア $ab$

　　(2) ア $3axy$　イ $3axy(2y+3x)$

**2** (1) $ab+bc=b\times a+b\times c$
$$=b(a+c)$$

　　(2) $ax^2-3axy=ax\times x-ax\times3y$
$$=ax(x-3y)$$

　　(3) $12x^2y-9xy^3=3xy\times4x-3xy\times3y^2$
$$=3xy(4x-3y^2)$$

　　(4) $6a^2b^2c+8ab^2c^2-2abc$

$$=2abc\times3ab+2abc\times4bc-2abc\times1$$
$$=2abc(3ab+4bc-1)$$

　　(5) $x-y$ を $A$ とおくと

$$(x-y)a+(x-y)b=Aa+Ab$$
$$=A(a+b)$$
$$=(x-y)(a+b)$$

## 9 因数分解の公式 (1)

本冊 p. 21

**1** (1) ア 6　イ $(x+6)^2$

　　(2) ア $4y$　イ $(x+4y)(x-4y)$

　　(3) ア 4　イ $(x-1)(x+4)$

**2** (1) $4x^2-4x+1=(2x)^2-2\times2x\times1+1^2$
$$=(2x-1)^2$$

　　(2) $9x^2-y^2=(3x)^2-y^2$
$$=(3x+y)(3x-y)$$

　　(3) $x^2-x-6$

$$=x^2+\{2+(-3)\}x+2\times(-3)$$
$$=(x+2)(x-3)$$

　　(4) $x^2-10xy+24y^2$

$$=x^2+\{(-4y)+(-6y)\}x$$
$$\qquad +(-4y)\times(-6y)$$
$$=(x-4y)(x-6y)$$

## 10 因数分解の公式 (2) 　本冊 p. 23

**1** ア 2　イ 4　ウ −3　エ −3　オ $x+2$
カ $2x-3$

**2** (1) $2x^2+5x+2$
$=(x+2)(2x+1)$

$$\begin{array}{ccc} 1 & \diagdown & 2 \longrightarrow 4 \\ 2 & \diagup & 1 \longrightarrow 1 \\ \hline 2 & 2 & 5 \end{array}$$

(2) $3x^2-2x-1$
$=(x-1)(3x+1)$

$$\begin{array}{ccc} 1 & \diagdown & -1 \longrightarrow -3 \\ 3 & \diagup & 1 \longrightarrow 1 \\ \hline 3 & -1 & -2 \end{array}$$

(3) $3x^2+2x-8$
$=(x+2)(3x-4)$

$$\begin{array}{ccc} 1 & \diagdown & 2 \longrightarrow 6 \\ 3 & \diagup & -4 \longrightarrow -4 \\ \hline 3 & -8 & 2 \end{array}$$

(4) $6x^2-5x+1$
$=(2x-1)(3x-1)$

$$\begin{array}{ccc} 2 & \diagdown & -1 \longrightarrow -3 \\ 3 & \diagup & -1 \longrightarrow -2 \\ \hline 6 & 1 & -5 \end{array}$$

(5) $4x^2+4x-15$
$=(2x-3)(2x+5)$

$$\begin{array}{ccc} 2 & \diagdown & -3 \longrightarrow -6 \\ 2 & \diagup & 5 \longrightarrow 10 \\ \hline 4 & -15 & 4 \end{array}$$

(6) $6x^2+x-12$
$=(2x+3)(3x-4)$

$$\begin{array}{ccc} 2 & \diagdown & 3 \longrightarrow 9 \\ 3 & \diagup & -4 \longrightarrow -8 \\ \hline 6 & -12 & 1 \end{array}$$

## 11 因数分解の工夫 　本冊 p. 25

**1** ア $x-3y$　イ 2
ウ $(x-3y+2)(x-3y-2)$

**2** (1) $x+y$ を $A$ とおくと
$(x+y)^2-3(x+y)=A^2-3A$
$\qquad\qquad\qquad=A(A-3)$
$\qquad\qquad\qquad=(x+y)(x+y-3)$

(2) $x+y$ を $A$ とおくと
$\quad(x+y)^2+6(x+y)+5$
$=A^2+6A+5$
$=(A+1)(A+5)$
$=(x+y+1)(x+y+5)$

(3) $x-y$ を $A$ とおくと
$\quad(x-y)^2+4(x-y)-12$
$=A^2+4A-12$
$=(A-2)(A+6)$
$=(x-y-2)(x-y+6)$

(4) $x^2+2xy+y^2-1=(x^2+2xy+y^2)-1$
$\qquad\qquad\qquad=(x+y)^2-1$

$x+y$ を $A$ とおくと
$(x+y)^2-1=A^2-1^2$
$\qquad\qquad=(A+1)(A-1)$
$\qquad\qquad=(x+y+1)(x+y-1)$

## 12 実数 　本冊 p. 27

**1** (1) ア $\dfrac{1}{5},\ \dfrac{1}{7},\ \dfrac{19}{16}$　イ $\sqrt{5},\ -\pi$

ウ $\dfrac{1}{5},\ \dfrac{19}{16}$　エ $\dfrac{1}{7},\ \sqrt{5},\ -\pi$　オ $\dfrac{1}{7}$

(2) ア $0.1\dot{6}\ (0.166\cdots)$　イ $0.125$　ウ $\dfrac{1}{8}$

エ $\dfrac{1}{6}$

**2** (1) $\dfrac{3}{20}=0.15$

(2) $\dfrac{2}{15}=0.1333\cdots\cdots=0.1\dot{3}$

## 13 数直線と絶対値 　本冊 p. 29

**1** (1) ア $-\sqrt{2}$　イ $-\dfrac{1}{2}$　ウ $\dfrac{1}{4}$　エ $2.5$

(2) ア 6　イ 1.2　ウ $\dfrac{1}{3}$

**2** (1) $|3-2|=|1|=1$
(2) $|2-3|=|-1|=1$
(3) $|-1-6|=|-7|=7$
(4) $|4-(-5)|=|9|=9$

## 14 平方根 　本冊 p. 31

**1** (1) ア 6　イ 3
(2) ア 49　イ 7
(3) ア 5　イ 7　ウ 2

**2** (1) $\sqrt{6}\times\sqrt{10}=\sqrt{6\times10}$
$\qquad\qquad\quad=\sqrt{2^2\times15}$
$\qquad\qquad\quad=2\sqrt{15}$

(2) $\dfrac{\sqrt{48}}{\sqrt{3}}=\sqrt{\dfrac{48}{3}}=\sqrt{16}$
$\qquad\quad=4$

(3) $\sqrt{18}+\sqrt{8}=\sqrt{3^2\times2}+\sqrt{2^2\times2}$
$\qquad\qquad\quad=3\sqrt{2}+2\sqrt{2}$
$\qquad\qquad\quad=5\sqrt{2}$

(4) $\sqrt{45}-\sqrt{80}+\sqrt{20}$
$=\sqrt{3^2\times5}-\sqrt{4^2\times5}+\sqrt{2^2\times5}$
$=3\sqrt{5}-4\sqrt{5}+2\sqrt{5}$
$=\sqrt{5}$

## 15 根号を含む式の計算　本冊 p.33

**1** (1) ア $\sqrt{3}$　イ $\sqrt{6}$　ウ $\sqrt{2}$
(2) ア $\sqrt{5}$　イ $2\sqrt{5}$

**2** (1) $\sqrt{6}(\sqrt{2}+\sqrt{3})$
$=\sqrt{6}\times\sqrt{2}+\sqrt{6}\times\sqrt{3}$
$=\sqrt{2^2\times3}+\sqrt{3^2\times2}$
$=2\sqrt{3}+3\sqrt{2}$
(2) $(\sqrt{7}-\sqrt{5})^2$
$=(\sqrt{7})^2-2\times\sqrt{7}\times\sqrt{5}+(\sqrt{5})^2$
$=7-2\sqrt{35}+5$
$=12-2\sqrt{35}$
(3) $(2+\sqrt{3})(2-\sqrt{3})=2^2-(\sqrt{3})^2$
$=4-3$
$=1$
(4) $\dfrac{9}{\sqrt{3}}=\dfrac{9\times\sqrt{3}}{\sqrt{3}\times\sqrt{3}}$
$=\dfrac{9\sqrt{3}}{3}$
$=3\sqrt{3}$
(5) $\dfrac{1}{\sqrt{5}+2}=\dfrac{\sqrt{5}-2}{(\sqrt{5}+2)(\sqrt{5}-2)}$
$=\dfrac{\sqrt{5}-2}{(\sqrt{5})^2-2^2}$
$=\sqrt{5}-2$
(6) $\dfrac{\sqrt{6}+\sqrt{3}}{\sqrt{6}-\sqrt{3}}$
$=\dfrac{(\sqrt{6}+\sqrt{3})^2}{(\sqrt{6}-\sqrt{3})(\sqrt{6}+\sqrt{3})}$
$=\dfrac{(\sqrt{6})^2+2\times\sqrt{6}\times\sqrt{3}+(\sqrt{3})^2}{(\sqrt{6})^2-(\sqrt{3})^2}$
$=\dfrac{9+6\sqrt{2}}{3}$
$=3+2\sqrt{2}$

## 16 不等式の性質　本冊 p.35

**1** (1) ア $>$　イ $\leqq$
(2) ア $<$　イ $<$　ウ $<$　エ $>$　オ $<$
カ $>$

**2** (1) 不等式の両辺に同じ正の数 $\dfrac{1}{4}$ を掛けても，不等号の向きは変わらないから
$A<B$ のとき　$\dfrac{1}{4}A<\dfrac{1}{4}B$
(2) 不等式の両辺から同じ数を引いても，不等号の向きは変わらないから
$\dfrac{1}{4}A<\dfrac{1}{4}B$ のとき　$\dfrac{1}{4}A-6<\dfrac{1}{4}B-6$
(3) 不等式の両辺に同じ負の数 $-\dfrac{1}{2}$ を掛けると，不等号の向きは変わるから
$A<B$ のとき　$-\dfrac{A}{2}>-\dfrac{B}{2}$
(4) 不等式の両辺に同じ数を足しても，不等号の向きは変わらないから
$-\dfrac{A}{2}>-\dfrac{B}{2}$ のとき　$1-\dfrac{A}{2}>1-\dfrac{B}{2}$

## 17 1次不等式とその解き方　本冊 p.37

**1** (1) ア $>$　イ $-3$
(2) ア $\geqq$　イ $-6$
(3) ア $>$　イ $-3$

**2** (1) $2x+1>7$
1 を移項すると
$2x>7-1$
$2x>6$
よって　$x>3$
(2) $x-9\leqq4x$
$-9$, $4x$ を移項すると
$x-4x\leqq9$
$-3x\leqq9$
よって　$x\geqq-3$
(3) $3x+2\geqq x-8$
2, $x$ を移項すると
$3x-x\geqq-8-2$
$2x\geqq-10$
よって　$x\geqq-5$

(4)　　　　$5x+2>6x-7$

2, $6x$ を移項すると

$$5x-6x>-7-2$$
$$-x>-9$$

よって　　　$x<9$

## 18　連立不等式　　本冊 p.39

**1** ア 5　イ 2　ウ $2<x<5$

**2** (1) 不等式 $4x+3>-1$ を解くと

$$4x>-4$$
$$x>-1 \quad \cdots\cdots ①$$

不等式 $2x<x+1$ を解くと

$$x<1 \quad \cdots\cdots ②$$

① と ② の共通範囲
を求めて

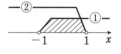

$$-1<x<1$$

(2) 不等式 $3x-1\leqq x+5$ を解くと

$$2x\leqq 6$$
$$x\leqq 3 \quad \cdots\cdots ①$$

不等式 $-x+2<2x+8$ を解くと

$$-3x<6$$
$$x>-2 \quad \cdots\cdots ②$$

① と ② の共通範囲
を求めて

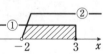

$$-2<x\leqq 3$$

(3) 不等式 $7x+3<x+9$ を解くと

$$6x<6$$
$$x<1 \quad \cdots\cdots ①$$

不等式 $3x-2\geqq 5x+6$ を解くと

$$-2x\geqq 8$$
$$x\leqq -4 \quad \cdots\cdots ②$$

① と ② の共通範囲
を求めて

$$x\leqq -4$$

(4) 不等式 $2x+1<4x-7$ を解くと

$$-2x<-8$$
$$x>4 \quad \cdots\cdots ①$$

不等式 $x-4\leqq -x-6$ を解くと

$$2x\leqq -2$$
$$x\leqq -1 \quad \cdots\cdots ②$$

① と ② の共通範囲
はないから，この
連立不等式の解は
ない

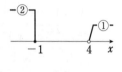

## 19　不等式の利用　　本冊 p.41

**1** ア $150x$　イ $150x+400$　ウ 150
エ 1600　オ 32　カ 3　キ 10

**2** クリームパンを $x$ 個買うとすると，あん
パンは $(15-x)$ 個買うことになる。
よって，代金の合計は

$$100(15-x)+180x$$
$$=1500-100x+180x$$
$$=80x+1500 （円）$$

代金の合計を 2000 円以下にしたいから

$$80x+1500\leqq 2000$$
$$80x\leqq 500$$

よって　　　　　$x\leqq \dfrac{25}{4}$

この不等式を満たす最大の整数は 6 であ
る。
したがって，クリームパンは **6 個**まで買
うことができる。

## 確認テスト　　本冊 p.42

**1** $3A-2B$

$$=3(x^2-3xy+2y^2)-2(2x^2+xy-4y^2)$$
$$=3x^2-9xy+6y^2-4x^2-2xy+8y^2$$
$$=\boldsymbol{-x^2-11xy+14y^2}$$

**2** (1) $(2x+3)(3x-5)$

$$=6x^2-10x+9x-15$$
$$=\boldsymbol{6x^2-x-15}$$

(2) $a+2b$ を $A$ とおくと

$$(a+2b+3c)(a+2b-3c)$$
$$=(A+3c)(A-3c)$$
$$=A^2-9c^2$$
$$=(a+2b)^2-9c^2$$
$$=a^2+4ab+4b^2-9c^2$$
$$=\boldsymbol{a^2+4b^2-9c^2+4ab}$$

**3** (1) $x^3+4x^2+4x=x(x^2+4x+4)$

$$=\boldsymbol{x(x+2)^2}$$

(2) $4x^2+3x-27$
$=(x+3)(4x-9)$

$$\begin{array}{ccc} 1 & \diagdown & 3 \longrightarrow & 12 \\ 4 & \diagup & -9 \longrightarrow & -9 \\ \hline 4 & & -27 & 3 \end{array}$$

(3) $2x^2-11xy+15y^2$
$=(x-3y)(2x-5y)$

$$\begin{array}{ccc} 1 & \diagdown & -3 \longrightarrow & -6 \\ 2 & \diagup & -5 \longrightarrow & -5 \\ \hline 2 & & 15 & -11 \end{array}$$

(4) $x^2+y^2-z^2-2xy$
$=(x^2-2xy+y^2)-z^2$
$=(x-y)^2-z^2$

$x-y$ を $A$ とおくと
$(x-y)^2-z^2=A^2-z^2$
$\qquad\qquad\qquad =(A+z)(A-z)$
$\qquad\qquad\qquad =(x-y+z)(x-y-z)$

**4** $1+\sqrt{2}>0$, $1-\sqrt{2}<0$ であるから
$\quad |1+\sqrt{2}|+|1-\sqrt{2}|$
$=(1+\sqrt{2})+\{-(1-\sqrt{2})\}$
$=1+\sqrt{2}-1+\sqrt{2}$
$=2\sqrt{2}$

**5** (1) $2\sqrt{12}-\sqrt{75}+3\sqrt{48}$
$=2\sqrt{2^2\times3}-\sqrt{5^2\times3}+3\sqrt{4^2\times3}$
$=2\times2\sqrt{3}-5\sqrt{3}+3\times4\sqrt{3}$
$=4\sqrt{3}-5\sqrt{3}+12\sqrt{3}$
$=11\sqrt{3}$

(2) $(\sqrt{2}+\sqrt{6})^2-(\sqrt{2}-\sqrt{6})^2$
$=(\sqrt{2})^2+2\times\sqrt{2}\times\sqrt{6}+(\sqrt{6})^2$
$\qquad -\{(\sqrt{2})^2-2\times\sqrt{2}\times\sqrt{6}+(\sqrt{6})^2\}$
$=8+2\sqrt{12}-(8-2\sqrt{12})$
$=4\sqrt{12}=4\sqrt{2^2\times3}$
$=8\sqrt{3}$

(3) $\dfrac{2\sqrt{3}-3\sqrt{2}}{\sqrt{6}}=\dfrac{(2\sqrt{3}-3\sqrt{2})\sqrt{6}}{\sqrt{6}\times\sqrt{6}}$

$\qquad\qquad\quad =\dfrac{2\sqrt{3^2\times2}-3\sqrt{2^2\times3}}{6}$

$\qquad\qquad\quad =\dfrac{6\sqrt{2}-6\sqrt{3}}{6}$

$\qquad\qquad\quad =\sqrt{2}-\sqrt{3}$

(4) $\dfrac{1-2\sqrt{3}}{2+\sqrt{3}}=\dfrac{(1-2\sqrt{3})(2-\sqrt{3})}{(2+\sqrt{3})(2-\sqrt{3})}$

$\qquad\qquad\quad =\dfrac{2-\sqrt{3}-4\sqrt{3}+6}{2^2-(\sqrt{3})^2}$

$\qquad\quad =\dfrac{8-5\sqrt{3}}{4-3}$
$\qquad\quad =8-5\sqrt{3}$

**6** (1) $\qquad 7x+9\leqq4x+3$
$9$, $4x$ を移項して
$\qquad 7x-4x\leqq3-9$
$\qquad\qquad 3x\leqq-6$
よって $\qquad x\leqq-2$

(2) $\qquad 2(x-1)>5x-14$
かっこをはずすと
$\qquad 2x-2>5x-14$
$\qquad\quad -3x>-12$
よって $\qquad x<4$

(3) 不等式 $x+10\geqq3x$ を解くと
$\qquad\qquad -2x\geqq-10$
$\qquad\qquad x\leqq5 \qquad \cdots\cdots ①$
不等式 $3x-14<13+6x$ を解くと
$\qquad\qquad -3x<27$
$\qquad\qquad x>-9 \qquad \cdots\cdots ②$
① と ② の共通範囲
を求めて
$\qquad -9<x\leqq5$

## 20　集合　本冊 p. 45

**1** (1) ア ∈　イ ∉　ウ ∈　エ ∈　オ ⊂
(2) ア =

**2** (1) $A$ の要素はすべて $B$ の要素であるから　　$A⊂B$
(2) $B$ の要素はすべて $A$ の要素であるから　　$B⊂A$
(3) $B=\{-1,\ 0,\ 1\}$ であるから　$A=B$
(4) $B$ の要素はすべて $A$ の要素であるから　　$B⊂A$

## 21　共通部分と和集合，補集合　本冊 p. 47

**1** (1) ア 4, 6　イ 1, 2, 3, 4, 6, 8
(2) ア 2, 4, 6

**2** (1) $U=\{1,\ 2,\ 3,\ 4,\ 5,\ 6,\ 7,\ 8,\ 9\}$ であるから　$\overline{A}=\{3,\ 5,\ 6,\ 9\}$
(2) $U=\{1,\ 2,\ 3,\ 4,\ 5,\ 6,\ 7,\ 8,\ 9\}$ であるから　$\overline{B}=\{2,\ 5,\ 7,\ 9\}$
(3) $A∪B=\{1,\ 2,\ 3,\ 4,\ 6,\ 7,\ 8\}$ であるから　$\overline{A∪B}=\{5,\ 9\}$
(4) $A∩B=\{1,\ 4,\ 8\}$ であるから　$\overline{A∩B}=\{2,\ 3,\ 5,\ 6,\ 7,\ 9\}$
(5) $\overline{A}=\{3,\ 5,\ 6,\ 9\}$, $\overline{B}=\{2,\ 5,\ 7,\ 9\}$ であるから　$\overline{A}∩\overline{B}=\{5,\ 9\}$
(6) $\overline{A}=\{3,\ 5,\ 6,\ 9\}$, $\overline{B}=\{2,\ 5,\ 7,\ 9\}$ であるから
　$\overline{A}∪\overline{B}=\{2,\ 3,\ 5,\ 6,\ 7,\ 9\}$

## 22　命題とその真偽　本冊 p. 49

**1** (1) ア −1　イ 1　ウ 真
(2) ア 2　イ 偽

**2** (1) $2<x<5$ を満たす実数全体の集合を $P$，$0<x<10$ を満たす実数全体の集合を $Q$ とすると　　$P⊂Q$

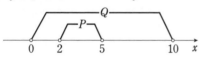

よって，命題は　**真**
(2) $x=0$ は $x^2=x$ を満たすが，$x=1$ を満たさない。
よって，$x=0$ は反例となるから，命題

は　偽
(3) 自然数について，6 の約数全体の集合を $P$，12 の約数全体の集合を $Q$ とすると
　$P=\{1,\ 2,\ 3,\ 6\}$, $Q=\{1,\ 2,\ 3,\ 4,\ 6,\ 12\}$
$P⊂Q$ が成り立つから，命題は　**真**

## 23　必要条件と十分条件　本冊 p. 51

**1** ア 真　イ 偽　ウ 十分　エ 必要

**2** (1) 命題
　「$n$ は 3 の倍数 $\Longrightarrow$ $n$ は 9 の倍数」
は偽である。（反例：$n=6$）
また，命題
　「$n$ は 9 の倍数 $\Longrightarrow$ $n$ は 3 の倍数」
は真である。
よって，$n$ が 3 の倍数であることは $n$ が 9 の倍数であるための**必要条件**である。
(2) 命題
　「$x=y \Longrightarrow (x-y)^2=0$」
は真である。
また，$(x-y)^2=0$ であるとき，$x-y=0$ であるから，命題
　「$(x-y)^2=0 \Longrightarrow x=y$」
は真である。
よって，$x=y$ であることは $(x-y)^2=0$ であるための**必要十分条件**である。

## 24　「かつ」「または」と否定　本冊 p. 53

**1** (1) ア 偶数
(2) ア ≧　イ ≦　ウ <　エ >

**2** (1) $x$ または $y$ は無理数である。
(2) $x$ と $y$ はともに無理数である。

## 25　逆・対偶・裏　本冊 p. 55

**1** (1) ア $x^2=1$　イ $x=1$　ウ 偽
(2) ア $x≦0$　イ $x≠1$　ウ 真

**2** (1) 逆は
「$x>0$ かつ $y>0 \Longrightarrow x+y>0$」
これは真である。
対偶は
「$x≦0$ または $y≦0 \Longrightarrow x+y≦0$」

これは**偽**である。（反例：$x=-1$, $y=2$）
裏は
「$x+y\leqq0 \Longrightarrow x\leqq0$ または $y\leqq0$」
裏の対偶，すなわち逆が真であるから**真**である。

(2) 反例の 1 つは $x=\sqrt{2}$, $y=-\sqrt{2}$
（$x+y=0$ で $x+y$ は有理数であるが，$x$ も $y$ も無理数である）

## 26 命題と証明　　本冊 p. 57

**1** ア $n$ が奇数ならば，$n^2+1$ は偶数である。　イ $2k+1$　ウ $4k^2+4k+2$
エ $2k^2+2k+1$　オ 偶数

**2** (1) 対偶「$n$ が 3 の倍数ならば，$n^2$ は 9 の倍数である」を証明する。
$n$ が 3 の倍数のとき，自然数 $k$ を用いて $n=3k$ と表される。
このとき　　$n^2=(3k)^2=9k^2$
$k^2$ は自然数であるから，$n^2$ は 9 の倍数である。
よって，対偶は真であり，もとの命題も真である。

(2) 対偶は
「$x$, $y$ がともに有理数 $\Longrightarrow x+y$ は有理数」
有理数と有理数の和は有理数であるから，対偶は真である。
よって，もとの命題も真である。

## 確認テスト　　本冊 p. 58

**1** $U=\{1,\ 2,\ 3,\ \cdots\cdots,\ 15\}$ で
　　$A=\{3,\ 6,\ 9,\ 12,\ 15\}$
　　$B=\{1,\ 2,\ 3,\ 4,\ 6,\ 12\}$
(1) $A\cap B=\{\mathbf{3},\ \mathbf{6},\ \mathbf{12}\}$
(2) $A\cup B=\{\mathbf{1},\ \mathbf{2},\ \mathbf{3},\ \mathbf{4},\ \mathbf{6},\ \mathbf{9},\ \mathbf{12},\ \mathbf{15}\}$
(3) $\overline{A}=\{1,\ 2,\ 4,\ 5,\ 7,\ 8,\ 10,\ 11,\ 13,\ 14\}$,
$\overline{B}=\{5,\ 7,\ 8,\ 9,\ 10,\ 11,\ 13,\ 14,\ 15\}$
であるから
$\overline{A}\cap\overline{B}=\{\mathbf{5},\ \mathbf{7},\ \mathbf{8},\ \mathbf{10},\ \mathbf{11},\ \mathbf{13},\ \mathbf{14}\}$
(4) $\overline{A}\cup B=\{\mathbf{1},\ \mathbf{2},\ \mathbf{3},\ \mathbf{4},\ \mathbf{5},\ \mathbf{6},\ \mathbf{7},\ \mathbf{8},\ \mathbf{10},$
　　　　　　　$\mathbf{11},\ \mathbf{12},\ \mathbf{13},\ \mathbf{14}\}$

**2** (1) 命題「$x^2>0 \Longrightarrow x>0$」は偽である。
（反例：$x=-1$）
また，命題「$x>0 \Longrightarrow x^2>0$」は真である。
したがって，$x^2>0$ は $x>0$ であるための**必要条件**である。

(2) 命題「$x>0$ かつ $y>0 \Longrightarrow xy>0$」は真である。
また，命題「$xy>0 \Longrightarrow x>0$ かつ $y>0$」は偽である。（反例：$x<0$ かつ $y<0$）
したがって，「$x>0$ かつ $y>0$」は，$xy>0$ であるための**十分条件**である。

**3** 対偶「$m$, $n$ がともに奇数ならば，$mn$ は奇数である」を証明する。
$m$, $n$ が奇数であるとき，$m$, $n$ は整数 $k$, $l$ を用いて，$m=2k+1$, $n=2l+1$ と表される。
このとき　　$mn=(2k+1)(2l+1)$
　　　　　　　　$=4kl+2k+2l+1$
　　　　　　　　$=2(2kl+k+l)+1$
$2kl+k+l$ は整数であるから，$mn$ は奇数である。
よって，対偶は真であり，もとの命題も真である。

**4** ア 有理数　イ $r-3$　ウ $\sqrt{2}$

**27 関数とグラフ**  本冊 p. 61

**1** (1) ア 4 イ 9
(2) ア 1 イ −8

**2** (1) $x=-2$ のとき

$$y=\frac{1}{2}\times(-2)-1=-2$$

$x=4$ のとき

$$y=\frac{1}{2}\times4-1=1$$

よって，グラフは右
の図の実線部分のよ
うになる。
また，値域は

$$-2\leqq y\leqq1$$

(2) $x=-1$ のとき

$$y=(-3)\times(-1)+5=8$$

$x=2$ のとき

$$y=(-3)\times2+5$$
$$=-1$$

よって，グラフは右
の図の実線部分のよ
うになる。
また，値域は

$$-1\leqq y\leqq8$$

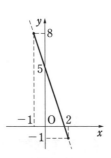

**28 2次関数 $y=ax^2$ のグラフ**  本冊 p. 63

**1** (1) ア 12 イ 3 ウ 3 エ 12 オ 下
(2) ア −12 イ −3 ウ −3 エ −12
オ 上

**2** (1), (2) それぞれ，下の図のようになる。

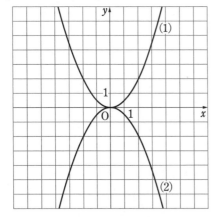

**29 $y=ax^2+q$ のグラフ**  本冊 p. 65

**1** (1) ア 3 イ 0 ウ 3
(2) ア −5 イ 0 ウ −5

**2** (1) グラフは，関数
$y=2x^2$ のグラフを
$y$ 軸方向に 1 だけ平
行移動したもので，
右の図のようになる。
頂点は

**点 (0, 1)**

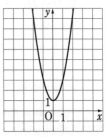

(2) グラフは，関数
$y=-x^2$ のグラフを
$y$ 軸方向に −3 だけ
平行移動したもので，
右の図のようになる。
頂点は

**点 (0, −3)**

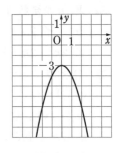

**30 $y=a(x-p)^2$ のグラフ**  本冊 p. 67

**1** (1) ア 3 イ 3 ウ 0 エ 3
(2) ア −4 イ −4 ウ 0 エ −4

**2** (1) グラフは，関数
$y=2x^2$ のグラフを
$x$ 軸方向に 1 だけ平
行移動したもので，
右の図のようになる。
また，頂点は

**点 (1, 0)**

軸は **直線 $x=1$**

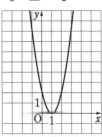

(2) グラフは，関数
$y=-x^2$ のグラフを
$x$ 軸方向に −3 だけ
平行移動したもので，
右の図のようになる。
また，頂点は

**点 (−3, 0)**

軸は **直線 $x=-3$**

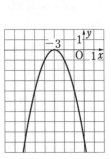

## 31 $y=a(x-p)^2+q$ のグラフ 本冊 p.69

**1** ア 3 イ －1 ウ 3 エ －1 オ 3

**2** (1) グラフは，関数
$y=x^2$ のグラフを
　　$x$ 軸方向に 2
　　$y$ 軸方向に 3
だけ平行移動したもの
ので，右の図のよう
になる。

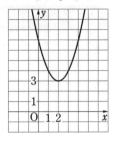

また，頂点は　**点 (2, 3)**
　　　　軸は　**直線 $x=2$**

(2) グラフは，関数
$y=-2x^2$ のグラフを
　　$x$ 軸方向に －1
　　$y$ 軸方向に 4
だけ平行移動したもの
ので，右の図のよう
になる。

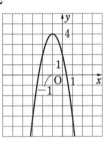

また，頂点は　**点 (－1, 4)**
　　　　軸は　**直線 $x=-1$**

## 32 $y=ax^2+bx+c$ の変形 本冊 p.71

**1** (1) ア 3 イ 9
　　(2) ア 2 イ 1 ウ 3

**2** (1) $x^2-6x+3=x^2-6x+3^2-3^2+3$
　　　　　　　　　$=(x-3)^2-6$

(2) $-3x^2+12x+6$
　　$=-3(x^2-4x)+6$
　　$=-3(x^2-4x+2^2-2^2)+6$
　　$=-3\{(x-2)^2-4\}+6$
　　$=-3(x-2)^2+12+6$
　　$=\mathbf{-3(x-2)^2+18}$

## 33 $y=ax^2+bx+c$ のグラフ 本冊 p.73

**1** ア 3 イ 2 ウ 3 エ －2 オ 3

**2** (1) $x^2+2x-3=x^2+2x+1^2-1^2-3$
　　　　　　　　$=(x+1)^2-4$

よって，グラフは,
右の図のようになる。
また，頂点は
　　**点 (－1, －4)**
軸は
　　**直線 $x=-1$**

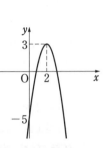

(2) $-2x^2+8x-5$
　　$=-2(x^2-4x)-5$
　　$=-2(x^2-4x+2^2-2^2)-5$
　　$=-2\{(x-2)^2-4\}-5$
　　$=-2(x-2)^2+3$

よって，グラフは,
右の図のようになる。
また，頂点は
　　**点 (2, 3)**
軸は
　　**直線 $x=2$**

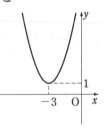

## 34 2次関数の最大・最小(1) 本冊 p.75

**1** ア 2 イ 小 ウ －5 エ 大

**2** (1) 関数の式を変形すると
　　　$y=(x+3)^2+1$
この関数のグラフは,
右の図のようになる。
したがって，$y$ は
　　$x=-3$ で**最小値 1**
をとる。
また，**最大値はない。**

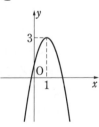

(2) 関数の式を変形すると
　　　$y=-2(x-1)^2+3$
この関数のグラフは,
右の図のようになる。
したがって，$y$ は
　　$x=1$ で**最大値 3**
をとる。
また，**最小値はない。**

## 35　2次関数の最大・最小(2) 　本冊 p.77

**1** (1) ア −1　イ 3　ウ 1　エ −1
　(2) ア 4　イ 8　ウ 2　エ 0

**2** (1) 関数の式を変形
すると
$$y=-(x-3)^2+7$$
$2 \leqq x \leqq 5$ におけるグ
ラフは，右の図の実
線部分である。

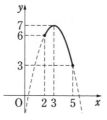

したがって，$y$ は
　　$x=3$ で**最大値 7** をとり，
　　$x=5$ で**最小値 3** をとる。

(2) 関数の式を変形
すると
$$y=2(x+2)^2-2$$
$-1 \leqq x \leqq 1$ における
グラフは，右の図の
実線部分である。

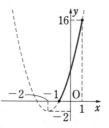

したがって，$y$ は
　　$x=1$ で**最大値 16** をとり，
　　$x=-1$ で**最小値 0** をとる。

## 36　2次関数の決定 　本冊 p.79

**1** ア 12　イ −1　ウ 4　エ 3　オ 3

**2** (1) 頂点が点 $(-1, 4)$ であるから，この
2次関数は次の形で表される。
$$y=a(x+1)^2+4$$
グラフが点 $(2, -5)$ を通るから
$$-5=a(2+1)^2+4$$
$$a=-1$$
よって　　$y=-(x+1)^2+4$

(2) 求める2次関数を $y=ax^2+bx+c$ と
する。
グラフが3点 $(-1, 5)$，$(0, 4)$，
$(-2, 10)$ を通るから
$$\begin{cases} 5=a-b+c & \cdots\cdots ① \\ 4=c & \cdots\cdots ② \\ 10=4a-2b+c & \cdots\cdots ③ \end{cases}$$
①，②から　　$a-b=1$　$\cdots\cdots$ ④
②，③から　　$2a-b=3$　$\cdots\cdots$ ⑤

④，⑤を解くと　　$a=2$，$b=1$
よって　　$y=2x^2+x+4$

## 37　2次方程式 　本冊 p.81

**1** ア −2　イ −4　ウ 20　エ 5
　オ $1\pm\sqrt{5}$

**2** (1) 左辺を因数分解すると
$$(x+2)(x-6)=0$$
よって　　$x=-2, 6$

(2) 左辺を因数分解すると
$$(2x-1)(3x+2)=0$$
よって　　$x=-\dfrac{2}{3}, \dfrac{1}{2}$

(3) 解の公式により
$$x=\frac{-3\pm\sqrt{3^2-4\cdot1\cdot1}}{2\cdot1}=\frac{-3\pm\sqrt{5}}{2}$$

(4) 解の公式により
$$x=\frac{-(-4)\pm\sqrt{(-4)^2-4\cdot3\cdot(-2)}}{2\cdot3}$$
$$=\frac{4\pm\sqrt{40}}{6}=\frac{4\pm2\sqrt{10}}{6}$$
$$=\frac{2\pm\sqrt{10}}{3}$$

## 38　2次方程式の実数解の個数 　本冊 p.83

**1** (1) ア 9　イ 2
　(2) ア −8　イ 16　ウ 1
　(3) ア 3　イ −3　ウ 0

**2** 2次方程式 $x^2+8x+m=0$ の判別式を $D$
とすると
$$D=8^2-4\cdot1\cdot m=64-4m$$
(1) 異なる2つの実数解をもつのは $D>0$
のときであるから
$$64-4m>0$$
これを解いて　　$m<16$
(2) 重解をもつのは $D=0$ のときである
から　　　　$64-4m=0$
これを解いて　　$m=16$

**1** (1) ア 5　イ 2
　　(2) ア 0　イ 1
　　(3) ア −7　イ 0

**2** 2次方程式 $-x^2+2x+m=0$ の判別式を $D$ とすると
$$D=2^2-4\cdot(-1)\cdot m=4+4m$$
(1) $x$軸と異なる2点で交わるのは $D>0$
のときであるから
$$4+4m>0$$
これを解いて　$\boldsymbol{m>-1}$
(2) $x$軸と共有点をもたないのは $D<0$
のときであるから
$$4+4m<0$$
これを解いて　$\boldsymbol{m<-1}$

**1** (1) ア −2　イ 3
　　(2) ア −5　イ −1

**2** (1) 2次方程式 $x^2-2x-8=0$ を解くと
$$(x+2)(x-4)=0$$
よって　$x=-2, 4$
2次関数
$$y=x^2-2x-8$$
のグラフで，$y>0$ と
なる $x$ の値の範囲を
求めると，2次不等
式の解は
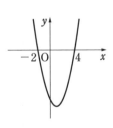
$$\boldsymbol{x<-2, 4<x}$$

(2) 2次方程式 $x^2-3x=0$ を解くと
$$x(x-3)=0$$
よって　$x=0, 3$
2次関数
$$y=x^2-3x$$
のグラフで，$y<0$ と
なる $x$ の値の範囲を
求めると，2次不等
式の解は
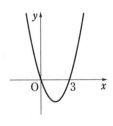
$$\boldsymbol{0<x<3}$$

(3) 2次方程式 $2x^2-3x+1=0$ を解くと
$$(x-1)(2x-1)=0$$
よって　$x=1, \dfrac{1}{2}$

2次関数
$$y=2x^2-3x+1$$
のグラフで，$y\leqq 0$ と
なる $x$ の値の範囲を
求めると，2次不等
式の解は
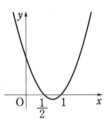
$$\dfrac{1}{2}\leqq x\leqq 1$$

(4) 2次方程式 $x^2-4x-4=0$ を解くと
$$x=\dfrac{-(-4)\pm\sqrt{(-4)^2-4\cdot 1\cdot(-4)}}{2\cdot 1}$$
$$=2\pm 2\sqrt{2}$$
2次関数
$$y=x^2-4x-4$$
のグラフで，$y\geqq 0$
となる $x$ の値の範
囲を求めると，2
次不等式の解は
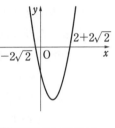
$$\boldsymbol{x\leqq 2-2\sqrt{2}, \ 2+2\sqrt{2}\leqq x}$$

**1** (1) ア 4　イ 4以外のすべての実数
　　ウ ない
　　(2) ア ない　イ すべての実数　ウ ない

**2** (1) $x^2-6x+9=(x-3)^2$
であるから，2次関
数 $y=x^2-6x+9$ の
グラフは，右の図の
ように $x$ 軸と点
(3, 0) で接する。
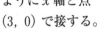
よって，$y>0$ となる $x$ の値の範囲を求
めると，2次不等式の解は
**3以外のすべての実数**

(2) $4x^2+4x+1=(2x+1)^2$ であるから，
2次関数 $y=4x^2+4x+1$ のグラフは，
右の図のように $x$ 軸
と点 $\left(-\dfrac{1}{2}, 0\right)$ で接
する。

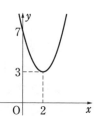

よって，$y \leqq 0$ とな
る $x$ の値の範囲を求
めると，2次不等式の解は

$$x=-\dfrac{1}{2}$$

(3) 2次方程式 $x^2-4x+7=0$ の判別式
を $D$ とすると $D=(-4)^2-4 \cdot 1 \cdot 7=-12$
$D<0$ であるから，
2次方程式の実数解
は ない
$x^2$ の係数が正である
から，この2次不等
式の解は
ない

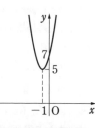

(4) 2次方程式 $2x^2+4x+7=0$ の判別式
を $D$ とすると $D=4^2-4 \cdot 2 \cdot 7=-40$
$D<0$ であるから，
2次方程式の実数解
は ない
$x^2$ の係数が正である
から，この2次不等
式の解は
すべての実数

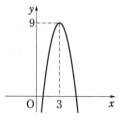

## 確認テスト
本冊 p.90

**1**
$-2x^2+12x-9$
$=-2(x^2-6x+3^2-3^2)-9$
$=-2(x-3)^2+9$
よって，グラフは
右の図のようにな
る。
また，頂点は
点 $(3, 9)$
軸は 直線 $x=3$

**2** (1) 関数の式を変形
すると
$$y=(x+1)^2-1$$
$-2 \leqq x \leqq 2$ における
グラフは，右の図の
実線部分である。
したがって，$y$ は

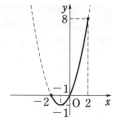

$x=2$ で**最大値 8** をとり，
$x=-1$ で**最小値 $-1$** をとる。

(2) 関数の式を変形
すると
$$y=-\dfrac{1}{2}(x-2)^2+5$$
$-3 \leqq x \leqq 1$ における
グラフは，右の図の
実線部分である。
したがって，$y$ は

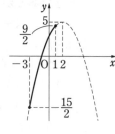

$x=1$ で**最大値 $\dfrac{9}{2}$** をとり，

$x=-3$ で**最小値 $-\dfrac{15}{2}$** をとる。

**3** $x=1$ で最小値 $y=2$ をとるから，グラフ
は下に凸の放物線で，頂点は点 $(1, 2)$
である。
よって，求める2次関数は次の形で表さ
れる。
$$y=a(x-1)^2+2 \quad \text{ただし，} a>0$$
グラフが点 $(3, 6)$ を通るから
$$6=a(3-1)^2+2$$
$$a=1$$
これは $a>0$ を満たす。
したがって $\boldsymbol{y=(x-1)^2+2}$

**4** (1) 2次方程式の判別式を $D$ とすると
$$D=(-6)^2-4 \cdot 2 \cdot 5=-4$$
$D<0$ であるから，異なる実数解の個数
は **0個**

(2) 2次方程式の判別式を $D$ とすると
$$D=7^2-4 \cdot 3 \cdot 3=13$$
$D>0$ であるから，異なる実数解の個数
は **2個**

**5** 2次方程式 $-3x^2+6x+m=0$ の判別式
を $D$ とすると
$$D=6^2-4\cdot(-3)\cdot m=36+12m$$
$x$ 軸と異なる 2 点で交わるのは $D>0$ の
ときであるから
$$36+12m>0$$
これを解いて $\quad \boldsymbol{m>-3}$

**6** (1) 2次方程式 $2x^2+3x-5=0$ を解くと
$$(x-1)(2x+5)=0$$

よって $\quad x=1, \ -\dfrac{5}{2}$

2次関数
$\quad y=2x^2+3x-5$
のグラフで，$y\leqq 0$ と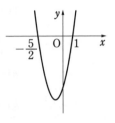
なる $x$ の値の範囲を
求めると，2次不等
式の解は
$$-\dfrac{5}{2}\leqq x\leqq 1$$

(2) 不等式の両辺に 2 を掛けて
$$4x^2-4x+1>0$$
$4x^2-4x+1=(2x-1)^2$
であるから，2次関
数 $y=2x^2-2x+\dfrac{1}{2}$
のグラフは，右の図
のように $x$ 軸と点
$\left(\dfrac{1}{2}, \ 0\right)$ で接する。

よって，$y>0$ となる $x$ の値の範囲を求
めると，2次不等式の解は
$$\dfrac{1}{2} \text{ 以外のすべての実数}$$

## 42 三角比 　　本冊 p. 93

**1** (1) ア $\dfrac{4}{5}$ 　イ $\dfrac{3}{5}$ 　ウ $\dfrac{4}{3}$

　　(2) ア $\dfrac{1}{2}$ 　イ $\dfrac{\sqrt{3}}{2}$ 　ウ $\dfrac{1}{\sqrt{3}}$

**2** (1) △ABC において, 三平方の定理により　　$AB^2=8^2+6^2=100$

　　AB>0 であるから　AB=10

　　よって　　$\sin A=\dfrac{BC}{AB}=\dfrac{6}{10}=\dfrac{3}{5}$

　　　　　　　$\cos A=\dfrac{AC}{AB}=\dfrac{8}{10}=\dfrac{4}{5}$

　　　　　　　$\tan A=\dfrac{BC}{AC}=\dfrac{6}{8}=\dfrac{3}{4}$

　　(2) △ABC において,
三平方の定理により
$AB^2=3^2+(\sqrt{7})^2$
$=16$
AB>0 であるから
　　AB=4

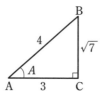

　　よって　　$\sin A=\dfrac{BC}{AB}=\dfrac{\sqrt{7}}{4}$

　　　　　　　$\cos A=\dfrac{AC}{AB}=\dfrac{3}{4}$

　　　　　　　$\tan A=\dfrac{BC}{AC}=\dfrac{\sqrt{7}}{3}$

## 43 三角比の利用 　　本冊 p. 95

**1** (1) ア 0.6428　イ 0.9063　ウ 2.4751
　　(2) ア 16°　イ 64°　ウ 50°

**2** 目の高さから校舎の屋
上までの高さは, 右の
図の直角三角形 ABC
における辺 BC の長さ
で表される。

　　　　$BC=AC\tan 35°$
　　　　　　$=20\times 0.7002$
　　　　　　$=14.004$

したがって, 求める高さは
　　　　$14.004+1.6=15.604$
から　**15.6 m**

## 44 三角比の相互関係 　　本冊 p. 97

**1** ア $\dfrac{3}{4}$ 　イ $\dfrac{7}{16}$ 　ウ $\dfrac{\sqrt{7}}{4}$ 　エ $\dfrac{3}{\sqrt{7}}$

**2** (1) $1+\tan^2 A=\dfrac{1}{\cos^2 A}$ から

　　　　$\dfrac{1}{\cos^2 A}=1+(2\sqrt{2})^2=9$

　　よって　　$\cos^2 A=\dfrac{1}{9}$

　　$\cos A>0$ であるから

　　　　$\cos A=\sqrt{\dfrac{1}{9}}=\dfrac{1}{3}$

　　(2) $\tan A=\dfrac{\sin A}{\cos A}$ から

　　　　$\sin A=\tan A\cos A$

　　よって　　$\sin A=2\sqrt{2}\times\dfrac{1}{3}=\dfrac{2\sqrt{2}}{3}$

## 45 180°−θ の三角比 　　本冊 p. 99

**1** ア 1　イ −1　ウ $-\dfrac{1}{\sqrt{2}}$ 　エ 1

　オ −1

**2** 右の図のように,
∠AOP=150°,
半円の半径を 2
とすると, 点 P
の座標は

　　　　$(-\sqrt{3}, 1)$

　　よって　　$\sin 150°=\dfrac{1}{2}$

　　　　　$\cos 150°=\dfrac{-\sqrt{3}}{2}=-\dfrac{\sqrt{3}}{2}$

　　　　　$\tan 150°=\dfrac{1}{-\sqrt{3}}=-\dfrac{1}{\sqrt{3}}$

## 46 180°−θ の三角比の性質 　　本冊 p. 101

**1** (1) ア 26°　イ 0.4384
　　(2) ア 82°　イ −0.1392
　　(3) ア 43°　イ −0.9325

**2** (1) $\sin^2\theta+\cos^2\theta=1$ から

$$\sin^2\theta=1-\cos^2\theta=1-\left(-\frac{2}{5}\right)^2=\frac{21}{25}$$

$\sin\theta\geqq0$ であるから

$$\sin\theta=\sqrt{\frac{21}{25}}=\frac{\sqrt{21}}{5}$$

(2) $\tan\theta=\dfrac{\sin\theta}{\cos\theta}=\dfrac{\sqrt{21}}{5}\div\left(-\dfrac{2}{5}\right)$

$$=-\frac{\sqrt{21}}{2}$$

**47 三角比の等式を満たす$\theta$** 本冊 p. 103

**1** ア $-\sqrt{3}$ イ 150

**2** (1) 右の図のように，半径 2 の半円上で，$y$ 座標が 1 である点 P と Q をとる。

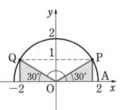

求める $\theta$ は，

$\angle AOP$ と $\angle AOQ$

であるから $\theta=30°,\ 150°$

(2) 右の図のように，半径 1 の半円上で，$x$ 座標が 0 である点 P をとる。

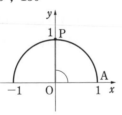

求める $\theta$ は，

$\angle AOP$

であるから $\theta=90°$

(3) $-1=\dfrac{1}{-1}$

右の図のように，$x$ 座標が $-1$，$y$ 座標が 1 である点 P をとる。

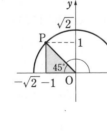

求める $\theta$ は，

$\angle AOP$

であるから $\theta=135°$

**48 正弦定理** 本冊 p. 105

**1** ア 4 イ $\sqrt{2}$ ウ $2\sqrt{2}$ エ $4\sqrt{2}$
オ $2\sqrt{6}$

**2** (1) 正弦定理により

$$\frac{\sqrt{6}}{\sin120°}=2R$$

よって $R=\dfrac{\sqrt{6}}{2\sin120°}=\sqrt{6}\div2\div\dfrac{\sqrt{3}}{2}$

$$=\frac{2\sqrt{6}}{2\sqrt{3}}=\sqrt{2}$$

(2) 正弦定理により

$$\frac{a}{\sin30°}=\frac{10}{\sin45°}$$

よって $a=\dfrac{10\sin30°}{\sin45°}=10\times\dfrac{1}{2}\div\dfrac{1}{\sqrt{2}}$

$$=5\sqrt{2}$$

**49 余弦定理** 本冊 p. 107

**1** ア 2 イ 135 ウ 10 エ $\sqrt{10}$

**2** (1) 余弦定理により

$$b^2=(\sqrt{3})^2+6^2-2\times\sqrt{3}\times6\times\cos30°$$

$$=3+36-12\sqrt{3}\times\frac{\sqrt{3}}{2}$$

$$=21$$

$b>0$ であるから $b=\sqrt{21}$

(2) 余弦定理により

$$\cos C=\frac{3^2+8^2-7^2}{2\times3\times8}=\frac{1}{2}$$

よって $C=60°$

**50 三角形の面積** 本冊 p. 109

**1** ア 3 イ $\dfrac{\sqrt{3}}{2}$ ウ $\dfrac{3\sqrt{3}}{2}$

**2** (1) 余弦定理により

$$\cos A=\frac{5^2+4^2-6^2}{2\times5\times4}=\frac{1}{8}$$

(2) $\sin^2A=1-\cos^2A$

$$=1-\left(\frac{1}{8}\right)^2=\frac{63}{64}$$

$\sin A>0$ であるから $\sin A=\dfrac{3\sqrt{7}}{8}$

(3) $S=\dfrac{1}{2}\times5\times4\times\dfrac{3\sqrt{7}}{8}=\dfrac{15\sqrt{7}}{4}$

**1** ア 60　イ $\dfrac{\sqrt{3}}{2}$　ウ $5\sqrt{6}$　エ sin

オ $\dfrac{5\sqrt{6}}{2}$

**2** 直角三角形 ABC において，三平方の定理により

$$AC^2=(\sqrt{3})^2+(2\sqrt{2})^2=11$$

AC>0 であるから　　$AC=\sqrt{11}$

同じように，△ABF，
△BCF において
$$AF^2=(\sqrt{3})^2+1^2=4$$
から　　$AF=2$
$$CF^2=1^2+(2\sqrt{2})^2=9$$
から　　$CF=3$

△ACF において，余弦定理により

$$\cos\angle AFC=\frac{2^2+3^2-(\sqrt{11})^2}{2\times2\times3}$$

$$=\frac{1}{6}$$

このとき

$$\sin^2\angle AFC=1-\cos^2\angle AFC$$

$$=1-\left(\frac{1}{6}\right)^2=\frac{35}{36}$$

$\sin\angle AFC>0$ であるから

$$\sin\angle AFC=\frac{\sqrt{35}}{6}$$

したがって　$S=\dfrac{1}{2}\times2\times3\times\dfrac{\sqrt{35}}{6}$

$$=\frac{\sqrt{35}}{2}$$

**確認テスト**　　本冊 p. 112

**1** △ABC において，三平方の定理により

$$BC^2=6^2-4^2=20$$

BC>0 であるから　$BC=2\sqrt{5}$

よって　　$\sin A=\dfrac{BC}{AB}=\dfrac{2\sqrt{5}}{6}=\dfrac{\sqrt{5}}{3}$

$$\cos A=\frac{AC}{AB}=\frac{4}{6}=\mathbf{\frac{2}{3}}$$

$$\tan A=\frac{BC}{AC}=\frac{2\sqrt{5}}{4}=\frac{\sqrt{5}}{2}$$

**2** (1) $\sin^2\theta+\cos^2\theta=1$ から

$$\cos^2\theta=1-\sin^2\theta=1-\left(\frac{\sqrt{13}}{5}\right)^2$$

$$=\frac{12}{25}$$

$90°<\theta<180°$ であるから，$\cos\theta<0$ である。

よって　　$\cos\theta=-\sqrt{\dfrac{12}{25}}=-\dfrac{2\sqrt{3}}{5}$

(2) $\tan\theta=\dfrac{\sin\theta}{\cos\theta}$

$$=\frac{\sqrt{13}}{5}\div\left(-\frac{2\sqrt{3}}{5}\right)$$

$$=-\frac{\sqrt{13}}{2\sqrt{3}}=-\frac{\sqrt{39}}{6}$$

**3** (1) 正弦定理により

$$\frac{8}{\sin45°}=2R$$

よって　　$R=\dfrac{8}{2\sin45°}=8\div\dfrac{2}{\sqrt{2}}$

$$=\frac{8\sqrt{2}}{2}=4\sqrt{2}$$

(2) $A=180°-(45°+75°)=60°$

正弦定理により

$$\frac{a}{\sin60°}=2R=8\sqrt{2}$$

よって　　$a=8\sqrt{2}\times\sin60°$

$$=8\sqrt{2}\times\frac{\sqrt{3}}{2}$$

$$=4\sqrt{6}$$

**4** (1) △ABC において，余弦定理により

$AC^2=5^2+(2\sqrt{2})^2$

$$-2\times5\times2\sqrt{2}\times\cos45°$$

$$=25+8-20\sqrt{2}\times\frac{1}{\sqrt{2}}$$

$$=13$$

AC>0 であるから　　$AC=\sqrt{13}$

(2) △ACD において，余弦定理により

$$\cos\angle ADC=\frac{3^2+1^2-(\sqrt{13})^2}{2\times3\times1}=-\frac{1}{2}$$

よって　　$\angle ADC=\mathbf{120°}$

(3) △ABC の面積は

$$\frac{1}{2} \times 5 \times 2\sqrt{2} \times \sin 45° = 5\sqrt{2} \times \frac{1}{\sqrt{2}}$$

$$= 5$$

△ACD の面積は

$$\frac{1}{2} \times 3 \times 1 \times \sin 120° = \frac{3}{2} \times \frac{\sqrt{3}}{2}$$

$$= \frac{3\sqrt{3}}{4}$$

したがって，四角形 ABCD の面積は

$$5 + \frac{3\sqrt{3}}{4}$$

**5** ∠AHB＝180°−(45°+75°)＝60°

△ABH において，正弦定理により

$$\frac{BH}{\sin 45°} = \frac{100}{\sin 60°}$$

よって　BH＝100×sin 45°÷sin 60°

$$= 100 \times \frac{1}{\sqrt{2}} \times \frac{2}{\sqrt{3}}$$

$$= \frac{200}{\sqrt{6}} = \frac{100\sqrt{6}}{3}$$

このとき，△BPH において

$$PH = BH \tan 30° = \frac{100\sqrt{6}}{3} \times \frac{1}{\sqrt{3}}$$

$$= \frac{100\sqrt{2}}{3}$$

したがって，気球の高さは　$\frac{100\sqrt{2}}{3}$ m

## 52 データの整理　本冊 p. 115

**1**　ア 5　イ 157.5　ウ 96　エ 64

**2**　度数分布表は，右のようになる。また，ヒストグラムは，次の図のようになる。

| 階級 (℃) | 度数 |
|---|---|
| 4.0 以上　6.0 未満 | 1 |
| 6.0　～　8.0 | 2 |
| 8.0　～ 10.0 | 10 |
| 10.0　～ 12.0 | 8 |
| 12.0　～ 14.0 | 6 |
| 14.0　～ 16.0 | 3 |
| 計 | 30 |

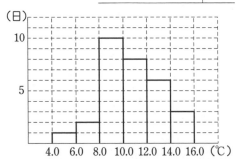

## 53 データの代表値　本冊 p. 117

**1**　ア 10　イ 2.2　ウ 2　エ 2

**2**　(1) $\dfrac{1}{12}(1+0+5+4+2+1+3+16+1$
$+2+0+1)$

$=\dfrac{36}{12}=3$ (回)

(2) 最も個数の多い値は 1 であるから
**1 回**

(3) データを小さい順に並べると
0, 0, 1, 1, 1, 1, 2, 2, 3, 4, 5, 16

よって，中央値は　$\dfrac{1+2}{2}=1.5$ (回)

## 54 データの散らばり　本冊 p. 119

**1**　ア 79　イ 77　ウ 70　エ 82　オ 12
カ 6

**2**　(1) 第 2 四分位数は $Q_2=10$ で
第 1 四分位数は $Q_1=7$
第 3 四分位数は $Q_3=15$

よって，四分位範囲は
$Q_3-Q_1=15-7=8$
四分位偏差は
$\dfrac{Q_3-Q_1}{2}=\dfrac{8}{2}=4$

(2) 第 2 四分位数は $Q_2=8$ で
第 1 四分位数は $Q_1=6$
第 3 四分位数は $Q_3=10$
よって，四分位範囲は
$Q_3-Q_1=10-6=4$
四分位偏差は
$\dfrac{Q_3-Q_1}{2}=\dfrac{4}{2}=2$

(3) データ A の方が四分位範囲が大きいから，データの散らばり度合いが大きいのは　　　　**A**

## 55 分散と標準偏差　本冊 p. 121

**1**　ア 4　イ 99　ウ 5

**2**　(1) A の得点の平均値は
$\dfrac{1}{6}(5+6+6+5+8+6)=6$ (点)

よって，分散は
$\dfrac{1}{6}\{(5-6)^2+(6-6)^2+(6-6)^2+(5-6)^2$
$+(8-6)^2+(6-6)^2\}$

$=\dfrac{6}{6}=1$

標準偏差は　$\sqrt{1}=1$ (点)

(2) B の得点の平均値は
$\dfrac{1}{6}(4+9+6+10+6+1)=6$ (点)

よって，分散は
$\dfrac{1}{6}\{(4-6)^2+(9-6)^2+(6-6)^2+(10-6)^2$
$+(6-6)^2+(1-6)^2\}$

$=\dfrac{54}{6}=9$

標準偏差は　$\sqrt{9}=3$ (点)

## 56 データの相関　本冊 p.123

**1** ア 20　イ 4　ウ 30　エ 6　オ 20
　　カ 2　キ 20　ク 2　ケ −0.95　コ 負

## 57 仮説検定の考え方　本冊 p.125

**1** ア 2　イ 3　ウ 100　エ 0.03
　　オ 小さい

## 確認テスト　本冊 p.126

**1** (1) $\dfrac{1}{10}(3+6+1+2+9+0+3+5+3+8)$

$=\dfrac{40}{10}=4$

(2) 最も個数が多い値は 3 であるから，
最頻値は　　3

(3) データを小さい順に並べると
　　　0, 1, 2, 3, 3, 3, 5, 6, 8, 9
よって，中央値は　　$\dfrac{3+3}{2}=3$

**2** (1) データを小さい順に並べると
　　　2, 5, 6, 7, 8, 10, 11
第 1 四分位数は　$Q_1=5$
第 3 四分位数は　$Q_3=10$
よって，四分位偏差は
　　$\dfrac{Q_3-Q_1}{2}=\dfrac{10-5}{2}=2.5$ (個)

(2) 平均値は
$\dfrac{1}{7}(2+6+5+7+8+11+10)=7$ (個)

分散は
$\dfrac{1}{7}\{(2-7)^2+(6-7)^2+(5-7)^2+(7-7)^2$
　　　　$+(8-7)^2+(11-7)^2+(10-7)^2\}$

$=\dfrac{56}{7}=8$

よって，標準偏差は　　$\sqrt{8}=2\sqrt{2}$ (個)

**3** ① 平均最高気温と購入額の散布図における各点は，右上がりの直線に接近して分布している。
よって，平均最高気温が高くなるほど購入額は増加する傾向がある。

② 1 日あたり平均降水量と購入額の散布図における各点は，平均降水量が少ない方に集中して分布しており，右上がりの直線に接近して分布しているとはいえない。
よって，1 日あたり平均降水量が多くなるほど購入額が増加する傾向はない。

③ 平均湿度と購入額の散布図において，平均湿度が高くなるほど，各点は散らばって分布する傾向がある。
よって，平均湿度が高くなるほど購入額の散らばりは大きくなる傾向がある。

④ 25 °C 以上の日数の割合と購入額の散布図において，日数の割合が80 % 未満の月の各点は，購入額が30 円を超えていない。

⑤ 平均最高気温と購入額の散布図における各点は，右上がりの直線に接近して分布しているから，平均最高気温と購入額の間にも，正の相関がある。

したがって，正しいものは　　①, ④

# 三 角 比 の 表

| $\theta$ | $\sin\theta$ | $\cos\theta$ | $\tan\theta$ | $\theta$ | $\sin\theta$ | $\cos\theta$ | $\tan\theta$ |
|---|---|---|---|---|---|---|---|
| 0° | 0.0000 | 1.0000 | 0.0000 | 45° | 0.7071 | 0.7071 | 1.0000 |
| 1° | 0.0175 | 0.9998 | 0.0175 | 46° | 0.7193 | 0.6947 | 1.0355 |
| 2° | 0.0349 | 0.9994 | 0.0349 | 47° | 0.7314 | 0.6820 | 1.0724 |
| 3° | 0.0523 | 0.9986 | 0.0524 | 48° | 0.7431 | 0.6691 | 1.1106 |
| 4° | 0.0698 | 0.9976 | 0.0699 | 49° | 0.7547 | 0.6561 | 1.1504 |
| 5° | 0.0872 | 0.9962 | 0.0875 | 50° | 0.7660 | 0.6428 | 1.1918 |
| 6° | 0.1045 | 0.9945 | 0.1051 | 51° | 0.7771 | 0.6293 | 1.2349 |
| 7° | 0.1219 | 0.9925 | 0.1228 | 52° | 0.7880 | 0.6157 | 1.2799 |
| 8° | 0.1392 | 0.9903 | 0.1405 | 53° | 0.7986 | 0.6018 | 1.3270 |
| 9° | 0.1564 | 0.9877 | 0.1584 | 54° | 0.8090 | 0.5878 | 1.3764 |
| 10° | 0.1736 | 0.9848 | 0.1763 | 55° | 0.8192 | 0.5736 | 1.4281 |
| 11° | 0.1908 | 0.9816 | 0.1944 | 56° | 0.8290 | 0.5592 | 1.4826 |
| 12° | 0.2079 | 0.9781 | 0.2126 | 57° | 0.8387 | 0.5446 | 1.5399 |
| 13° | 0.2250 | 0.9744 | 0.2309 | 58° | 0.8480 | 0.5299 | 1.6003 |
| 14° | 0.2419 | 0.9703 | 0.2493 | 59° | 0.8572 | 0.5150 | 1.6643 |
| 15° | 0.2588 | 0.9659 | 0.2679 | 60° | 0.8660 | 0.5000 | 1.7321 |
| 16° | 0.2756 | 0.9613 | 0.2867 | 61° | 0.8746 | 0.4848 | 1.8040 |
| 17° | 0.2924 | 0.9563 | 0.3057 | 62° | 0.8829 | 0.4695 | 1.8807 |
| 18° | 0.3090 | 0.9511 | 0.3249 | 63° | 0.8910 | 0.4540 | 1.9626 |
| 19° | 0.3256 | 0.9455 | 0.3443 | 64° | 0.8988 | 0.4384 | 2.0503 |
| 20° | 0.3420 | 0.9397 | 0.3640 | 65° | 0.9063 | 0.4226 | 2.1445 |
| 21° | 0.3584 | 0.9336 | 0.3839 | 66° | 0.9135 | 0.4067 | 2.2460 |
| 22° | 0.3746 | 0.9272 | 0.4040 | 67° | 0.9205 | 0.3907 | 2.3559 |
| 23° | 0.3907 | 0.9205 | 0.4245 | 68° | 0.9272 | 0.3746 | 2.4751 |
| 24° | 0.4067 | 0.9135 | 0.4452 | 69° | 0.9336 | 0.3584 | 2.6051 |
| 25° | 0.4226 | 0.9063 | 0.4663 | 70° | 0.9397 | 0.3420 | 2.7475 |
| 26° | 0.4384 | 0.8988 | 0.4877 | 71° | 0.9455 | 0.3256 | 2.9042 |
| 27° | 0.4540 | 0.8910 | 0.5095 | 72° | 0.9511 | 0.3090 | 3.0777 |
| 28° | 0.4695 | 0.8829 | 0.5317 | 73° | 0.9563 | 0.2924 | 3.2709 |
| 29° | 0.4848 | 0.8746 | 0.5543 | 74° | 0.9613 | 0.2756 | 3.4874 |
| 30° | 0.5000 | 0.8660 | 0.5774 | 75° | 0.9659 | 0.2588 | 3.7321 |
| 31° | 0.5150 | 0.8572 | 0.6009 | 76° | 0.9703 | 0.2419 | 4.0108 |
| 32° | 0.5299 | 0.8480 | 0.6249 | 77° | 0.9744 | 0.2250 | 4.3315 |
| 33° | 0.5446 | 0.8387 | 0.6494 | 78° | 0.9781 | 0.2079 | 4.7046 |
| 34° | 0.5592 | 0.8290 | 0.6745 | 79° | 0.9816 | 0.1908 | 5.1446 |
| 35° | 0.5736 | 0.8192 | 0.7002 | 80° | 0.9848 | 0.1736 | 5.6713 |
| 36° | 0.5878 | 0.8090 | 0.7265 | 81° | 0.9877 | 0.1564 | 6.3138 |
| 37° | 0.6018 | 0.7986 | 0.7536 | 82° | 0.9903 | 0.1392 | 7.1154 |
| 38° | 0.6157 | 0.7880 | 0.7813 | 83° | 0.9925 | 0.1219 | 8.1443 |
| 39° | 0.6293 | 0.7771 | 0.8098 | 84° | 0.9945 | 0.1045 | 9.5144 |
| 40° | 0.6428 | 0.7660 | 0.8391 | 85° | 0.9962 | 0.0872 | 11.4301 |
| 41° | 0.6561 | 0.7547 | 0.8693 | 86° | 0.9976 | 0.0698 | 14.3007 |
| 42° | 0.6691 | 0.7431 | 0.9004 | 87° | 0.9986 | 0.0523 | 19.0811 |
| 43° | 0.6820 | 0.7314 | 0.9325 | 88° | 0.9994 | 0.0349 | 28.6363 |
| 44° | 0.6947 | 0.7193 | 0.9657 | 89° | 0.9998 | 0.0175 | 57.2900 |
| 45° | 0.7071 | 0.7071 | 1.0000 | 90° | 1.0000 | 0.0000 | なし |